においと味わいの不思議

「知ればもっとワインがおいしくなる」

東原和成
佐々木佳津子
伏木亨
ナビゲーター
鹿取みゆき

においとは、何か？
おいしさとは、何か？

最先端で研究を続ける、嗅覚の科学者、味覚の科学者、フランス国家認定醸造士である醸造家が解き明かす、においと味わいの世界。


「**食文化の主役は絶対に、においです。**言い換えれば、異臭に慣れるのが食の文化なのです」

（講師：伏木亨「おいしさは数式で表せるか?」／ P183）

独特のにおいに好みが分かれる滋賀県の名物、鮒ずし

「生態系において、においというのは、非常に重要な役割をしている。**生きていくために、どの生物も必死になってにおいを嗅いでいる**わけです」

（講師：東原和成「科学のメスはにおいの神秘にせまれるか?」／ P77）

臭いにおいで虫を引き寄せ受粉する、ショクダイオオコンニャクの花

「**ワインに含まれているにおい物質は、500種類とも、600種類とも、それよりはるかに上回る**ともいわれています。つまり結局は、それらを総体的に感知、判断できる人間の嗅覚が最も優れているということになるのです」

（講師：佐々木佳津子「ワインの香りはどこから来る?」／ P98）

シャルドネの発酵初期～中期。微生物の働きで香りが生まれている

これが、ワインの中に感じるにおい。

ワインから香る無数のにおいを言葉にする。
醸造家、佐々木佳津子さんが選んだワインのにおいを表す言葉、１２３種。

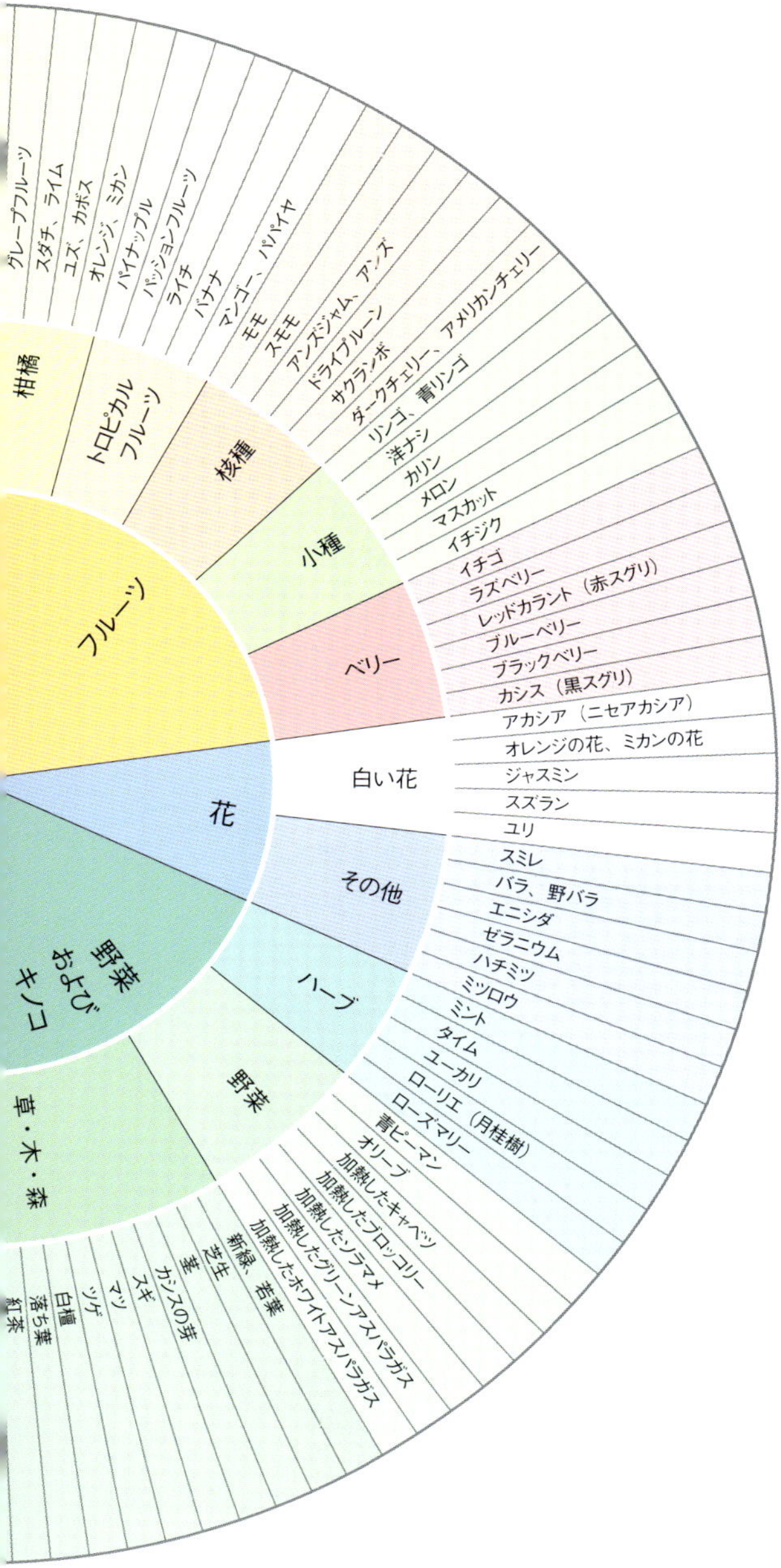

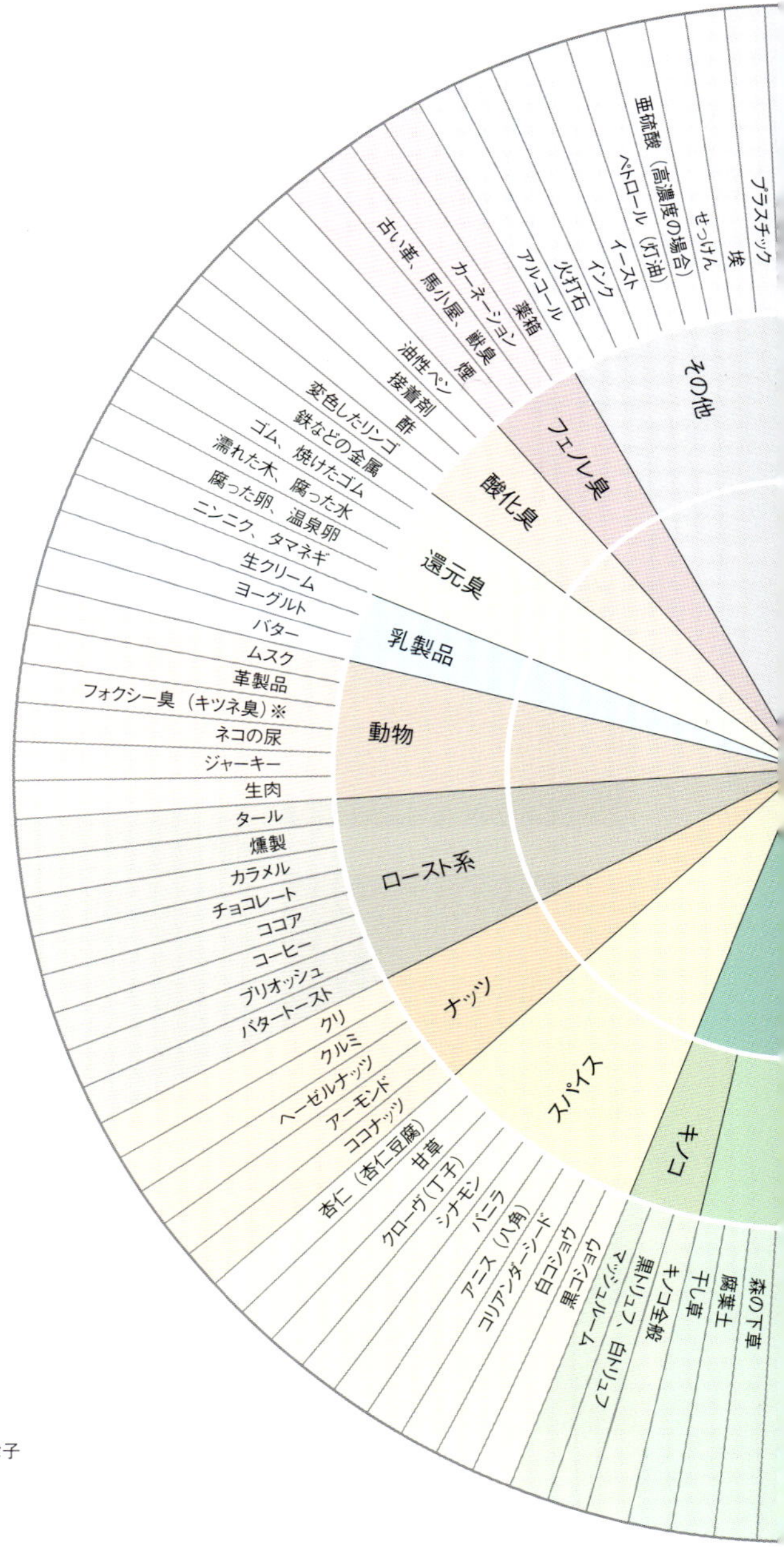

構成：佐々木 佳津子

「日本のアロマホイールを作る試み」鹿取みゆき×佐々木佳津子P319
※フォクシー臭：P332参照

脳はにおいをこんなふうに感じている。

白ワイン、ウイスキー、ビールを嗅がせたマウスの脳。いずれも醸造酒であるため、反応は比較的共通しているが、少しずつ違いがあり、全体としては別のにおいとして識別される。

「麻酔をかけたマウスの頭を少し剥いで、におい物質を嗅がせて、顕微鏡で脳が活性化している様子を見ています。明るくなっているところが、一つ一つの嗅覚受容体の信号を受け取った部位に相当します。なぜ明るくなるかというと、そこにはカルシウムイオンに反応する蛍光色素が入れてあり、においの信号が入ってくると、カルシウムイオンの濃度の上昇に伴って、蛍光が発せられるからです」

（講師：東原和成／ P55）

※図は、その蛍光の強さを疑似カラー化して示しています。矢印の部分が、それぞれ白ワイン、ウイスキー、ビールのみに反応している部位。

©Naoko Kawase

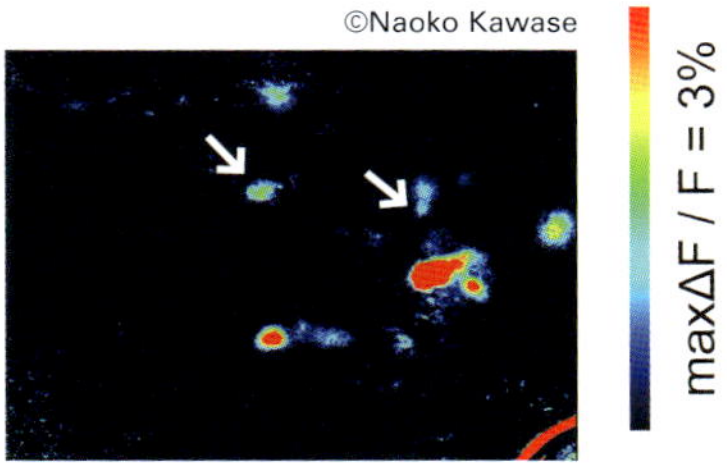

白ワイン

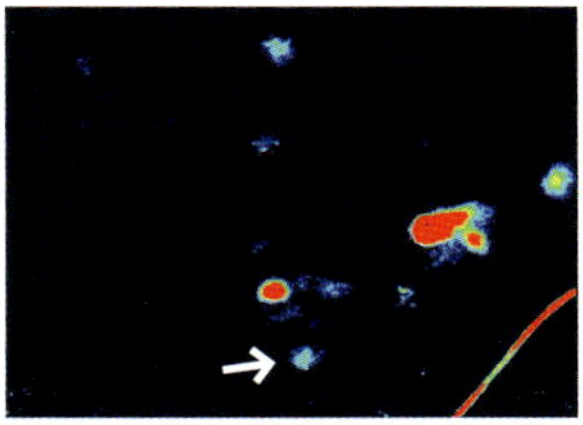

ウイスキー

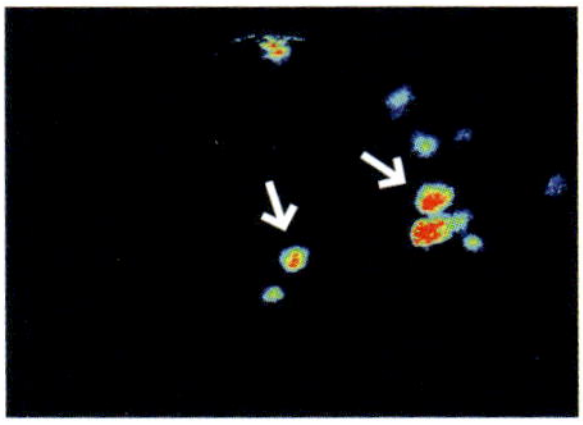

ビール

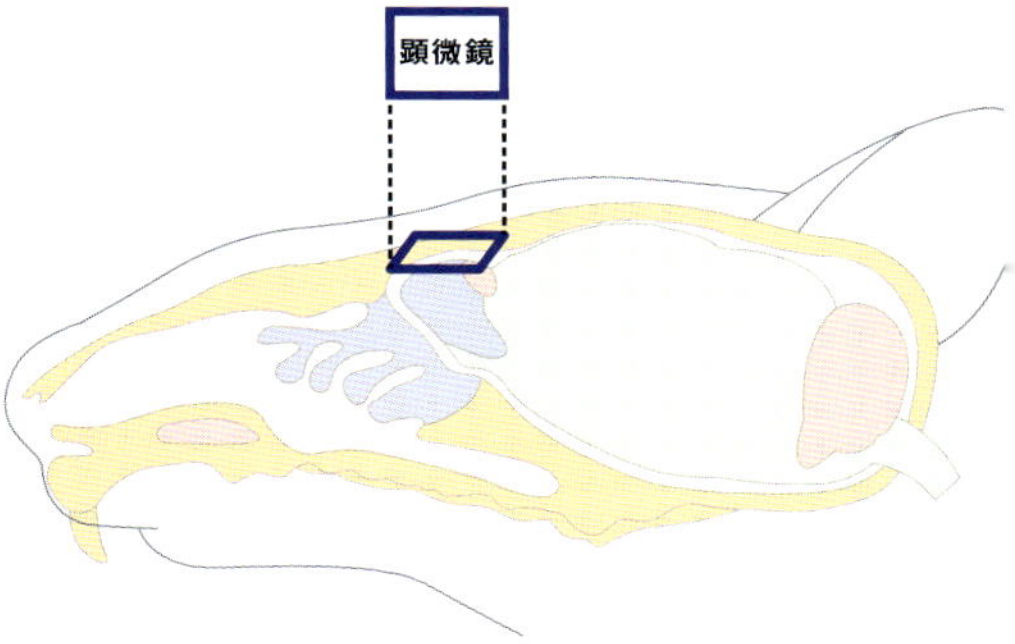

においと味わいの不思議

はじめに

　ワインや食べ物のにおいや味わいは、私たちが食事を楽しむときのとても重要な要素です。私たちは、ワインや食べ物を味わっているとき、どんなにおいがするのか、あるいはどんな味がするのかを感じ、楽しんでいる。そうしてさまざまなにおいや味わいを感じ、認識するから、「おいしい」と思うことができるのではないでしょうか。さらに、そのにおいや味わいによって、うっとりとしたり、リフレッシュしたり、心が休まったりというように、感情さえもがその影響を受けています。

　においや味わいは目に見えるものではないために、神秘的なイメージを持たれがちです。もうかなり時間が経ってしまいましたが、かつて大学で心理学を学んだ私は、ワインに興味を持って、あれこれと勉強するうちに、ワインをテイスティングしているときの私たちの身体や脳の中で、何が起きているのかということにも、興味を持つようになりました。

例えば、私たちがワインをテイスティングしている際には、心理学でいう「記憶の再認」と同じことをしているのではないだろうか？　つまり、ワインの香りにグレープフルーツのような香りをみつけたとき、私たちはそれまでに嗅いだことのあるグレープフルーツの香りの記憶を再び思い出し、その香りと同じだと認識しているのではないか？　そんなことを考えだしたのです。

そうして機会があるたびに、テイスティング、さらには嗅覚や味覚に関する取材を重ねて、雑誌に記事を書いてきました。また国内のワインの生産者を対象にした勉強会では、これらの分野で研究を続ける東原和成先生、伏木亨先生にご講演をお願いする機会を持つこともできました。先生方が解き明かしてくれたにおいと味わいの世界は、実にエキサイティング。今までまったく知らなかった新しい世界が目の前に広がったかのよう。まさに目からうろこが落ちた思いでした。

一方、フランスではワインサイエンスの研究が進んでいます。そして最近では、フランスの大学でブドウ栽培、ワイン醸造、官能評価に関連するサイエンスを学び、フランス国家が認定する醸造士の資格を取得したワインメーカーが、日本でも活躍するようになりました。

こんなに面白い嗅覚、味覚の世界が、あまり知られていないのはもったいないない。一人でも多くの方に知ってもらいたい。そんな思いから、においと味わいの神秘を科学的に説明していこうとする「匂いと味わいへの科学的アプローチ」というテーマの連続セミナーを企画、2011〜2012年に東京・青山のアカデミー・デュ・ヴァンで開催しました。本書はその際の東原先生、伏木先生、ワインメーカーの佐々木佳津子さん、そして私の講演を書き起こして、それぞれが加筆修正し、さらに書き下ろしを加えたものです。

科学的なアプローチといっても、決して難しく考えることはありません。読み進めてみれば、においと味わいについて、初めて知るような事実に驚いたり、なるほどと思ったりする話が数多くあるでしょう。そして、神秘的でありつつも科学が解明している世界に、皆さんも魅了されるに違いありません。

2013年7月　鹿取みゆき

本書の「におい」について

ワインの場合には、そのにおいを「香り」と言うことが多いのですが、食べ物や飲み物のにおいは、必ずしも心地よいものばかりではなく、ときに不快に感じられるものもあり、そうしたにおいを香りと呼ぶことはあまりないようです。そのため、この本では、不快なものも、心地よいものも含めた、におい全体を指す言葉として「におい」と表現しています。

目次

第一章　においとは何か？

科学のメスはにおいの神秘にせまれるか？

講師

東原 和成

とうはら・かずしげ

東京大学 大学院農学生命科学研究科 応用生命化学専攻 生物化学研究室 教授。香りやフェロモンを感じ取るメカニズムを研究。また、研究以外にも市民向けのセミナーをするなど幅広く活動し、食における嗅覚の大切さを説く。平成18年度文部科学大臣表彰若手科学者賞、第14回（2008）読売新聞社 読売テクノ・フォーラム ゴールド・メダル受賞など。

http://park.itc.u-tokyo.ac.jp/biological-chemistry/

「臭覚《しゅうかく》」ではなく「嗅覚《きゅうかく》」

我々は外からのいろいろな情報を「見る、聞く、味わう、嗅ぐ、触れる」という五感を使って感じています。もちろん、ワインを味わうときにも、この五感が非常に重要です。五感とは、言い換えれば、**視覚**、**聴覚**、**味覚**、**嗅覚**、**触覚**になります。

例えば、ワインを味わうとき、人はまず色を「見て」、グラスから立ち上る香りを「嗅ぎ」、口の中での「味」と「香り」、「食感」を楽しむ。ワインの場合は飲んでいるときに音はありませんが、人が食べ物を食べるときのコリコリ、パリパリといったさまざまな音は、おいしさにとって非常に重要なファクターになります。

また「聞く」ことは、実際の音だけではなくて、言葉による情報という意味でも重要です。逆にいえば、それによって、かなりバイアスがかかる場合もあります。例えば、有名なソムリエが「これは素晴らしいワインだ」、そして「こちらは安いワインだ」と言うのを聞き、その両方のワインを飲み比べると、おいしいと思うのは、やはり、ソムリエが素晴らしいと言ったワインになるでしょう。

我々の感じ方というのは、このように、かなり情報によって左右されるのです。そういった意味では、五感はお互いに影響を与え合うということです。おいしいと感じるのは味覚だと思っている人が多いと思いますが、鼻をつまんで食べたらおいしくない。味だけではなくて、においも必要なのです。五感がバランスよく刺激されることによって、おいしさを初めて感じるのです。

また、「五感を言ってください」というと、嗅覚《きゅうかく》という言葉が出てこなくて、「臭覚《しゅうかく》」と言う人が、結構います。臭覚という言葉は、あることはあるのですが、においを感じる感覚は、「臭《くさ》い」感覚ではなく「嗅ぐ」感覚ですので、正確には嗅覚になります。ちなみに、この「嗅」という漢字は、以前は常用漢字ではなかったため、新聞や雑誌、公用文書などでは使えなかったのですが、2010年に定められた新しい常用漢字表に追加されて、新聞などでも使えるようになっています。

嗅覚のメカニズムに迫る前に、はじめに、そもそも「におい」とは、何か？　なぜ、においは神秘的で、実態がとらえにくいのに、力があるのだろう？　ということについて、少し文化的な側面から触れてみたいと思います。

図1　人は五感を使って感じている。

嗅覚とは嗅ぐ感覚。
臭い感覚（臭覚）ではない！

においとは、何か？

「にほひ」は、古くは「丹穂《にほ》ひ」あるいは「丹秀《にほ》ひ」と書かれたといわれています。この「丹」というのは、「赤い」という意味です。それから、「穂」と「秀」は両方とも、「わき出てくる」、「のびてくる」といった意味です。

つまり「にほひ」は、「赤いものがわき上がってくる」ような、そういったイメージのものです。ですから、「におい立つ」というと、香りがぷ～んとするのではなくて、「光り輝いて、明るくて、赤くて、それがふわぁっと出てくるようなイメージ」が、そもそもの語源です。

実際、辞書を引いてみると、においは「香り、かぐわしいもの」、「臭い」という嗅覚的な意味と、前述の「赤い」、「光」、「色」という意味、それから「趣」や「感じ」といった意味があります。「趣」や「感じ」は、例えば、「おまえ、うさんくさいやつだ」というふうに使いますね。このように「におい」には、鼻の感覚だけでなく、目で見る感覚や、五感全般で感じる雰囲気という意味も含まれています。

ですから、「におい」は、そもそも物質的な意味ではなくて、もっともっと広義な感覚的な意味を持っていたと考えられます。

神秘的なにおいの力

においという言葉と関連性が深いのが、実は『竹取物語』です。一説によると、かぐやひめという名前は、「かぐわしいほど美しい。光り輝いて、赤くて、燃え立つような、そんな姫だった」という語源があるともいわれています。

かぐわしい、光り輝いている。これは両方とも、空間の美しさを表徴する表現です。つまり「空間を支配する力」というものが、「におい」なのではないかと思います。においとは、非常にあいまいでよく分からない、神秘的なものです。

日本の神々にも、鼻に関する神がいまして、それがスサノオノミコトです。日本を創ったと伝わるイザナキとイザナミの話が『古事記』と『日本書紀』の初めに出てきますが、イザナキが死んでしまったイザナミを追って、死の国へと行く場面があります。しかし、すでにイザナミはすっかり朽ち果てており、イザナキはがっかりして、現世に帰ってくることになります。そして、現世でイザナキは死の国の穢れを落とすのですが、左目を洗ったところ、そこからアマテラスオオミカミが生まれ、右目を洗ったところ、ツクヨミノミコトが生まれ、鼻を洗ったところ、スサノオノミコトが生まれてくるわけです。

こうした物語や神話を見ても、鼻というのは昔から、異界あるいは死後の世界への架け橋のような働きをすると思われていたようです。鼻の神はにおいをつくり出し、このにおいを媒介にして、光と闇の宇宙空間のようなところを行き来できると、古代の日本人は信じていたといわれています。

実はつい最近まで、この考えは続いており、それは浮世絵の「死絵《しにえ》」というものにも見ることができます。死絵は歌舞伎役者が亡くなったときに描かれていた絵で、よくお香の煙が立ち上っているさまが描かれています。においは死後の世界とこの世界とを、結び付ける力を持っていると考えられてきました。

もう一つ、昔話の『浦島太郎』を見てみましょう。浦島太郎は、竜宮城に行って戻ってきた後、玉手箱を開けて、煙を浴びておじいさんになってしまうわけですが、おそらくこの煙にも、においが存在して、時空を飛んでしまうような、そういった力があったのではないか？

そんな想像もできるわけです。

筒井康隆の小説で、映画化された『時をかける少女』という作品がありましたが、これは主人公がラベンダーのにおいを嗅いで、時空間をさまようというストーリーです。においにはそういった不思議なパワーがあると思わせる話ですね。

こうして見てくると、これは僕の少々強引な考えかもしれないですが、においというものは、身体や人間の生命に対して、非常に神秘的ですが、大きなパワーを持っていると思います。事実、**嗅覚は五感の中で唯一、情動や本能に直接訴えかける感覚**です。においには、過去の経験を想起させるなど、情動に影響する力があるのです。

では、このにおいの正体は、化学レベル、物質レベルでは、一体どういったものなのかを、ワインと関連付けながら、話を進めていきたいと思います。

においは化学物質である

科学的に「におい」とは何か？

においは、「物質」です。におい物質自体は見えないですから、空間を物質が飛んでくるといわれても、あまりピンとこないかもしれません。しかし、におい物質は、基本的には化学物質です。ですから、光や音といった波長の物理的な信号ではなく、化学的な物質が伝える信号になります。

簡単にいうと、においは、炭素C、水素H、酸素O、窒素N、硫黄Sといった原子が繋がった分子で、分子量的には300くらいまでの小さな物質です。小さいものでは分子量17のアンモニア、大きなものではムスクの甘い香りがする分子量294のムスクケトンがあります。これ以上大きな分子になると、重くなり過ぎて、空気中を飛んでいくことができなくなります。さらに、におい物質は、揮発性（常温で気化する性質）という特徴をもっています。つまり、**におい物質は、比較的低分子で揮発性のもの**、ということになります。

におい物質は、世の中に数十万種類あるとされています。ただし、誰も実際に数えたことはありません。では、なぜそういわれているかというと、こうした低分子の物質は、大体200万種類くらいあるのではないかと考えられていて、4つか5つに1つは、揮発性でにおうということで、結果、数十万種類あるのではないかとされています。しかし、におい物質が本当に数十万種類存在するかどうかは分かっていません。でも、少なくとも1万種類程度のにおいは知られていて、我々はそれを嗅いで区別することもできます。

似ているにおいもあるけれども、少しずつ違う。ここが、味覚との大きな違いです。味覚は、甘味、酸味、塩味、苦味、うま味の五味にくくられてしまいますが、においは無限にあるわけです。ですからワインのにおいの種類も、無限にあるということになります。

においを化学式で見ると

ここで、においの化学式（**図2**）を具体的にいくつか見てみましょう。

グレープフルーツの香りである**ヌートカトン**は、ワインの香りにも含まれますが、この香りをやせる香りとして使った商品を、2002年に資生堂が発売していたのを、ご存じの人もいると思います。この香りを嗅ぐと、血中のアドレナリンというホルモンが上昇して、身体は燃焼するのです。ワクワクしたり、エネルギッシュになったりすると、やせることはやせるのですね。

マツタケオールは、マツタケのような香りといわれているものです。インスタントの吸い物などは、こういった香料でにおいを付けてあります。

森林浴でリフレッシュできるのは、**青葉アルデヒド**や**ピネン**などといった、におい物質によるものです。また植物だけでなく、当然、動物もいろいろなにおい物質を出しています。

図2 世の中に、におい物質は数十万種類あるといわれている。

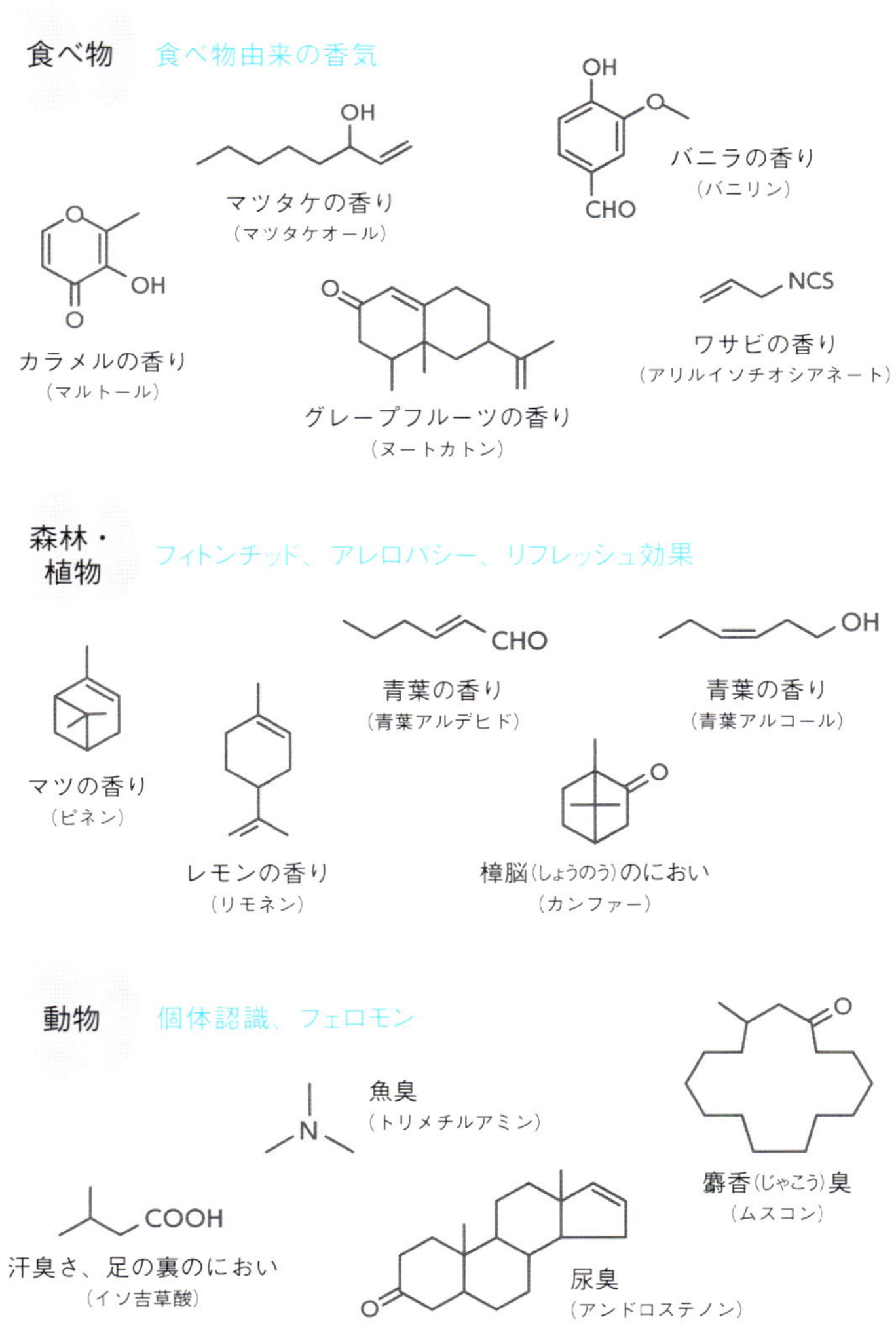
食べ物
食べ物由来の香気
OH
マツタケの香り
（マツタケオール）
OH
CHO
バニラの香り
（バニリン）
O
OH
O
カラメルの香り
（マルトール）
O
グレープフルーツの香り
（ヌートカトン）
NCS
ワサビの香り
（アリルイソチオシアネート）
森林・植物
フィトンチッド、アレロパシー、リフレッシュ効果
CHO
青葉の香り
（青葉アルデヒド）
OH
青葉の香り
（青葉アルコール）
マツの香り
（ピネン）
レモンの香り
（リモネン）
O
樟脳(しょうのう)のにおい
（カンファー）
動物
個体認識、フェロモン
N
魚臭
（トリメチルアミン）
O
麝香(じゃこう)臭
（ムスコン）
COOH
汗臭さ、足の裏のにおい
（イソ吉草酸）
O
尿臭
（アンドロステノン）

嗅いでいるにおいは複数のにおい

においの実体は、こうしたいろいろな化学物質なのです。

においは基本的には、生きているものが発しており、生物の代謝系で作られるものです。もちろん料理をしているときにも、におい物質は作られますし、あるいは石油関係の物質もにおいますが、におい物質は、生物が作り出しているものが多いようです。

そして実は、私たちが一つのにおいだと思っているものでも、単体で存在するわけではありません。例えば、ジャスミンの花のにおいには、約150種類のにおい物質が入っているといわれています。ワインのにおいは500種類以上、吟醸酒のにおいは約200種類、コーヒーのにおいは約580種類のにおい物質が集まった香りです。

ヌートカトンやマツタケオールのように、単体で天然の香りを思い浮かべることができるにおい物質もありますが、たいていは、たくさんのにおい物質が集まることで、そのにおいが出来上がり、我々はそれを一つのにおいとして感じているということになります。

香水の秘密

「もっと不思議で
人間的なのは、においよ」

『孤独のシャネル　ファッション界の女王の生涯』クロード・バイヤン著　田中史子訳（竹内書店）より引用

これは、ココ・シャネルの言葉です。

1921年、彼女が最初に発表した香水は、デビューした当時、非常に注目されました。何が、そんなにすごかったのか？　実は、そのレシピに理由があります。

表3が、その処方例です。香水の場合、10年で特許が切れると処方箋はすべて公開されます。香料会社などの調香師は、会社に就職すると、まずこういった処方で香水の名品を作ってみるというようなトレーニングを受けるそうです。

ですから、このレシピ通りに混ぜれば作れるわけですが、でも実は、レシピに100と書いてあるものの量が、例えば98になるだけで、同じにおいになりません。においというのは本当に不思議なもので、少しでも成分量が違うと、全然違ったにおいになってしまいます。

そして、この香水がセンセーショナルだったのは、**アルデヒド**という物質をたくさん使った初めての香水だったからです。アルデヒドがほかのフローラルの香りをとても引き立てています。

アルデヒドはどのようなにおいかというと、一番身近なのは、二日酔いのときの酸っぱいにおいです。それから、カメムシのにおいもアルデヒドのにおいです。つまり、あまりよろしくないにおいなのです。それまでは、いい香りを混ぜれば、素晴らしい香りが出来るという考えのもとに、香水は作られていたのですが、ココ・シャネルは、初めてタブーといわれている物質をふんだんに使って香水を作ったわけです。

本来あまり好ましくないとされているにおいが、ほかのいろいろなにおいと混ざると、非常にいい香りになる。この香水は、比較的シャープで冷たい感じがする香りですが、アルデヒドがキーポイントになっているわけです。

そしてシャネルが香水を発表して以来、香水には必ず、臭いにおいが入れられるようになりました。それによって、香りに深い奥行きが出るのではないかといわれています。ですから、必ずしもいいにおいだけで、いい香りが出来上がるわけではないということです。

表3 香水の処方例

香料素材名		量比
Aldehyde C-10 10% DEP	(アルデヒド C-10)	30
Aldehyde C-11 CYL 10% DEP	(アルデヒド C-11)	15
Aldehyde C-11 LEN 10% DEP	(アルデヒド C-11)	15
Aldehyde C-12 (L) 10% DEP	(アルデヒド C-12)	30
Aldehyde C-12 MNA 10% DEP	(アルデヒド C-12)	5
Bergamot oil Italy BGF (※)	(ベルガモットオイル)	30
Linalool	(リナロール)	40
Ylang ylang extra	(イランイラン)	100
Rose base (oil type)	(ローズ)	100
Rose base (absolute type)	(ローズ)	50
Jasmin base	(ジャスミン)	30
Muguet base	(ミューゲ)	100
Eugenol	(オイゲノール)	20
Iralia	(イラリア)	100
Sandalwood Mysore	(サンダルウッド)	20
Vetiver oil Bourbon	(ベチベルオイル)	20
Musk ketone	(ムスクケトン)	80
Coumarin	(クマリン)	100
Vanillin	(バニリン)	10
Civet absolute 50% DPG	(シベット)	10
D.E.P		95
		1000

※ FRA の規制に適合するようにベルガプテンをフリーにしたもの

『香料と調香の基礎知識』中島 基貴 編著（産業図書）より引用。（ ）内は講師加筆香水の場合は、人為的に合成して作りますから、どんな成分が入っているか分かります。では、ワインの中には、どういった種類の物質が入っているのか？ 今では、これを分析できるようになっています。

ワインの香りを分析する

どのような手法で分析をするかというと、**におい嗅ぎガスクロマトグラフィー**という器械を使います（**図4**）。これは、ガスクロマトグラフィー質量分析計にスニッファーという、人間がにおいをクンクンと嗅げる器械が結合されたものです。この器械を使うと、混合臭の中のにおい物質を分離して、そのにおい物質がどういう構造の分子なのかを推定することができ、さらにはその分離したにおい物質を嗅ぐことも可能です。

まず、ワインから出てくるにおい物質を吸着剤に吸着させて、ガスクロマトグラフィーのサンプル注入口に差し込みます。そして、その器械の中で熱を加えると、ワインの中に含まれる何百種類というにおい物質が、吸着剤から外れて分離されていきます。

この器械の中には長いカラムがあって、そこをにおい物質が通って行きます。それによっ

図4 におい嗅ぎガスクロによる香気分析

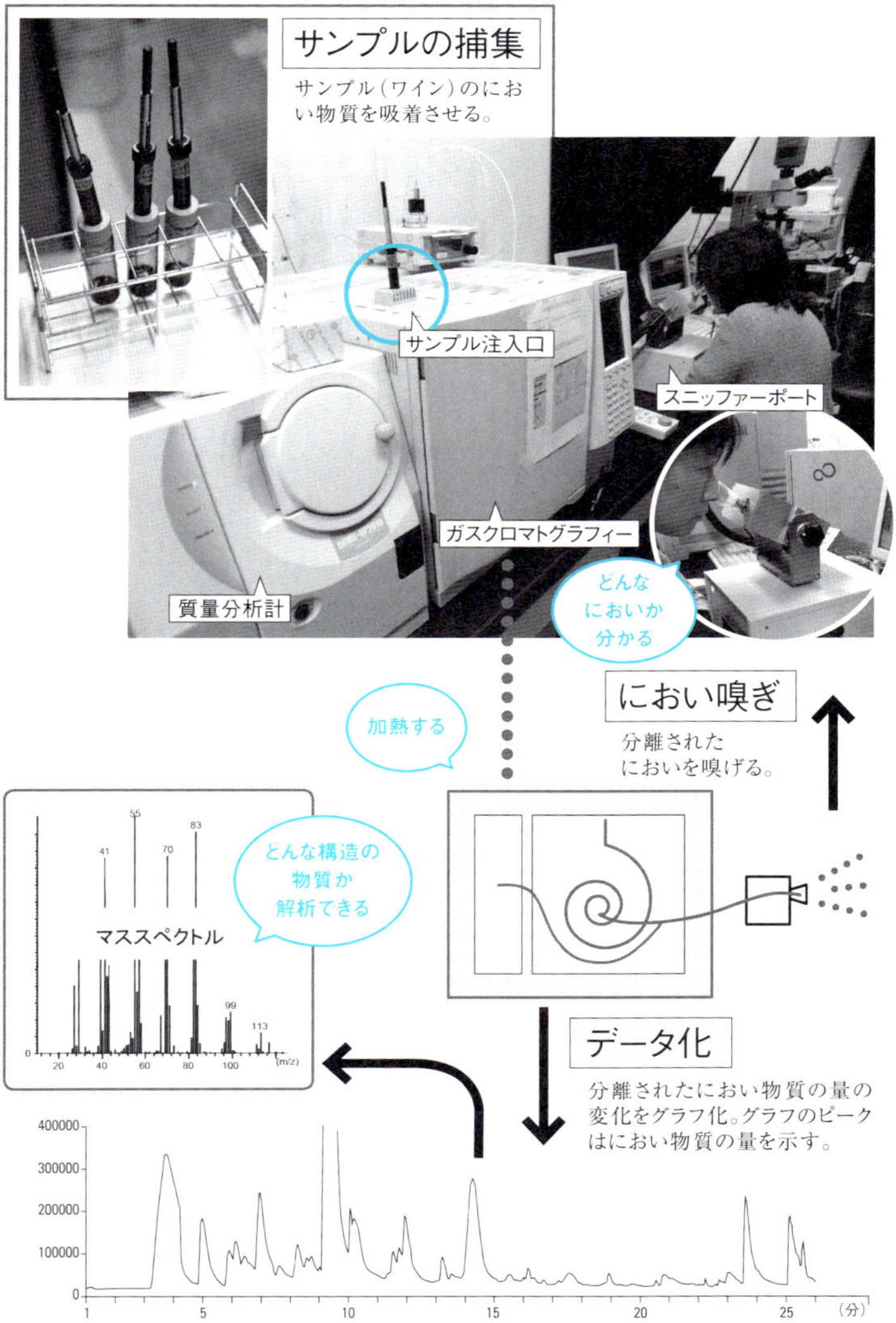
サンプルの捕集
サンプル（ワイン）のにおい物質を吸着させる。
サンプル注入口
スニッファーポート
ガスクロマトグラフィー
質量分析計
どんなにおいか分かる
におい嗅ぎ
分離されたにおいを嗅げる。
加熱する
どんな構造の物質か解析できる
マススペクトル
41
55
70
83
99
113
0
20
40
60
80
100
(m/z)
データ化
分離されたにおい物質の量の変化をグラフ化。グラフのピークはにおい物質の量を示す。
400000
300000
200000
100000
0
1
5
10
15
20
25
（分）

て、揮発度の高いものが先に分離され、揮発度の低いものが後に残る。つまり、比較的軽いものが先に行って、重たいものがゆっくり動く。ただし、揮発度だけではなくて、物質の化学的特性によっても順番はだいぶ違います。

図4の下にあるのは、分離されたにおい物質の量の変化を、グラフ化したものの一部です。グラフのピークは、におい物質の量が多いところで、数秒の間に出てきます。出てきたピークがどんな構造の物質かというのも、解析すれば分かります。同時に、そのにおいをスニッファーポートで嗅ぎます。

異なるタイプのワインを比較する

では、実際に二つのワインの分析結果を比較してみましょう。

図5の上は国産のソーヴィニヨンブランの白ワインで、下がフランス・ボルドーのメドック地区の赤ワインです。

グラフの横軸は時間、縦軸は成分の量です。温度は50~230度に徐々に上げています。分析にかけた時間は40分間です。分析にかける時間によって、検出できる物質の種類も変わってきます。グラフの下にある言葉は、分離されて出てきたにおいを、ワインジャーナリストの鹿取みゆきさんが実際に嗅いで、何のにおいか表現したものです。

ワインをガスクロマトグラフィーにかけると、このように、たくさんのピークが出てきます。二つのグラフの形は、よく見るとかなり違いますね。やはり、白ワインと赤ワインで、ブドウの品種も違いますし、造り方も違う。赤ワインの場合、果皮から抽出された成分も多く含みますから、においの種類も異なります。

それから、グラフのピークと、においのするタイミングは、必ずしも重なりません。これはどういうことかというと、我々人間にとってにおわない物質があるからです。またピークの大きさと、実際に感じるにおいの強さは比例しません。ピークが小さいのに、つまり量は少ないのに、強くにおうときも多いのです。逆に、ピークの高さが高くて、たくさんの量が検出されていても、全然におわないものもあります。要するに、一つ一つの物質に対する我々の感度によるわけです。

例えば、国産の白ワインでは、約37分にクローヴの香りが出てきています。しかし、グラフにはまったくピークとして出てはいない。でも、ちゃんとにおいを感じることができたのです。

また、約7分にはリンゴのシロップの香り、約8分には甘いガムの香り、約13分にはバナナの皮の香りと、いい香りが次々に出てくる一方、約14分には足の裏のにおいが出てきます。ほかにも、ニスのにおいや、生ゴミのにおいなど、結構、臭いにおいがワインには含まれていることが分かります。

先ほど見たように、香水の中にも臭いにおいを入れていますが、ワインの中のにおい物質を分離すると、ここにもたくさん臭いにおいが出てきます。いいにおいと悪いにおいとが入っているわけですね。それが実は、おいしい、素晴らしい香りになるポイントの一つです。

ボルドーの赤ワインのグラフの30分すぎには、馬小屋とありますね。これはフェノレ臭といわれますけれども、このにおいがすごく立って感じられるか、ほとんど感じられないかで、香り全体の印象は違います。おそらく、このにおい物質は、極微量含まれているくらいのほうが、ワイン全体としては、いい香りになると思います。ちなみに、先ほどのシャネルの香水に使われていたアルデヒドは、熟成したシャンパーニュやシェリーなどに多く含まれています。実際に飲んでみると、そのシャープな香りが分かると思います。

こういった臭いにおいがたくさん含まれていても、それがほかのにおいと混ざって、どのようにバランスが取れて、一つの香りになるか。大切なのは、そこだと思います。

図5 ワインの中に含まれるにおい
国産の白ワインとボルドーの赤ワインの比較

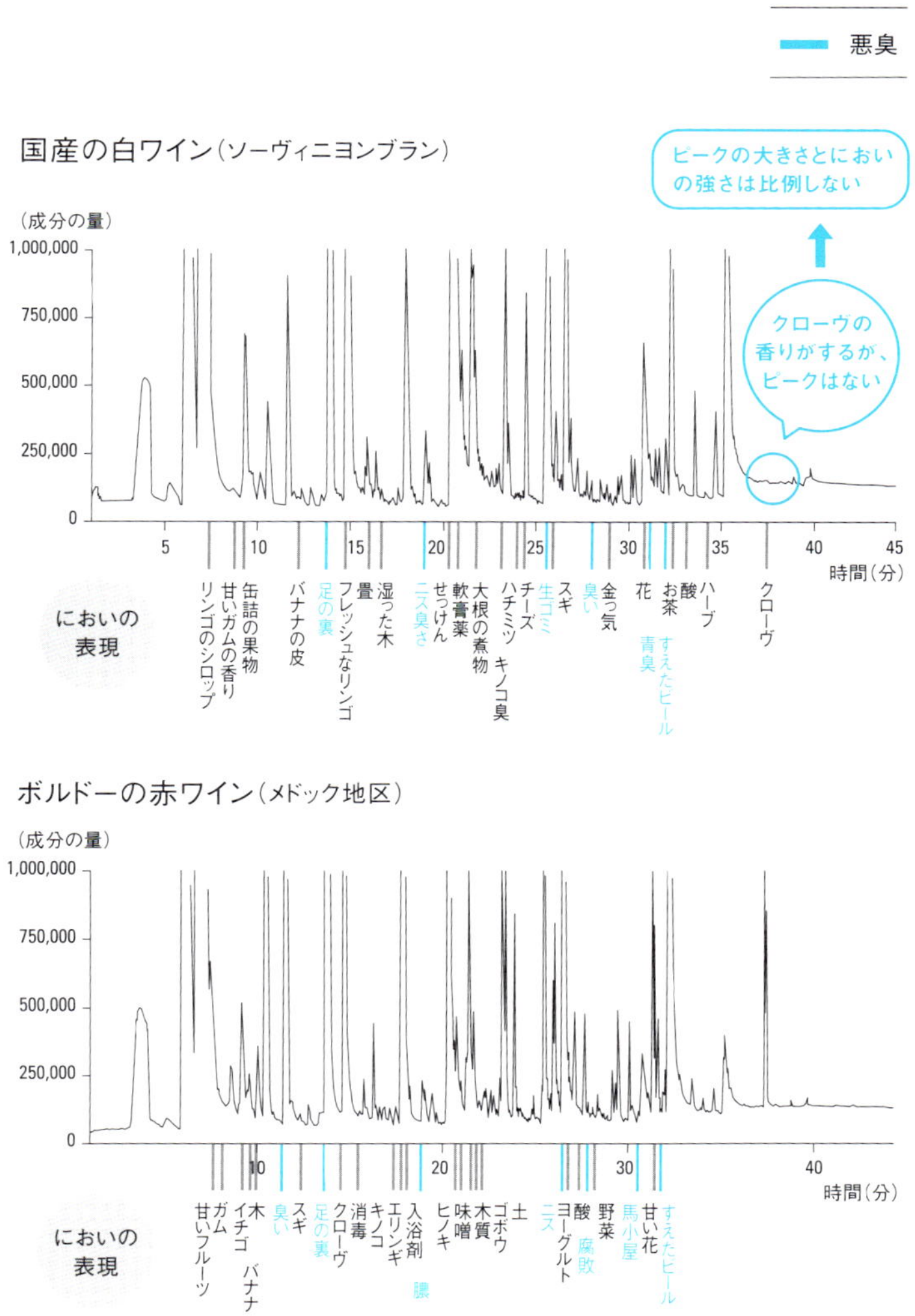

同じ産地のワインを比較する

次に、同じ年、同じ品種、同じ産地のワインを比べてみたのが、**図6**のグラフです。上がドメーヌ タカヒコの「ヨイチ・ノボリ キュムラ ピノ・ノワール ２００９」で、下がサッポロワインの「グランポレール 北海道余市ピノ・ノワール ２００９」です。両方とも、北海道の余市町のピノノワールの２００９年のワインです。畑も近く、ほぼ同じ土地で育てられた同じ品種ですが、ワインの造り方がまったく違います。ワインの造りによって、どのように、におい物質が違ってくるのかを見てみようと分析をしました。

この二つのグラフを比較すると、まず、ピークのパターンが非常によく似ているのが分かります。やはりブドウの品種が同じなので、成分的にはかなり似ているのではないかと思われます。ただし、よく見ると、それぞれのピークの比率はだいぶ異なっています。

そして、においを分離して、その量を測定すると同時に、鹿取さんがにおい嗅ぎをして、時間の経過とともに、どんなにおいが出てきているかを比べたものが**表7**です。

薄い水色で塗っている部分が、ほぼ同じタイミングで出てきた共通しているにおいです。

やはり、足の裏のにおいは必ず出てきますね。甘い香料とガムの香り、芋をふかしたにおい、ピーマンの青臭いにおい、草のにおい、腐った、おそらく生ゴミのようなにおい。ギンナンのにおい、それからマツタケ、バラの香り。

また、水色の文字のものが、比較的においが強いものです。共通のにおいもありますが、それぞれに非常に強いにおいがあります。ドメーヌ タカヒコのワインは、マツタケの香りが非常に強い。ほかには、かつお節が腐ったようなにおいやギンナンのにおい、焼き芋のにおいも強いです。全体的にかなり臭いにおいが出てきています。それに対して、サッポロワインのワインは、パンを焼いた香り、材木、ゴボウのにおい、バニラの香りが強い。

これはおそらく、造り方の違いによるものではないかと考えられます。サッポロワインは熟成に新樽を使用しているため、樽由来のものと思われるにおいが出てきている。

感じられたにおいの違いが自生酵母と培養酵母の違いによるものなのかというところまでは、もう少し比較する条件を揃えないと分かりません。しかし、こういった形でにおいを分離して解析することができます。

図6 北海道余市町の二つのピノノワール比較①（グラフ）

「ヨイチ・ノボリ キュムラ ピノ・ノワール 2009」（ドメーヌ タカヒコ）

除梗・破砕　：除梗も破砕もしていない。
酵　母　：自生酵母で発酵。
造りの特徴　：外気温が低いので、発酵前に自然に低温浸漬が行われている。
樽 の 使 用　：古樽による熟成。

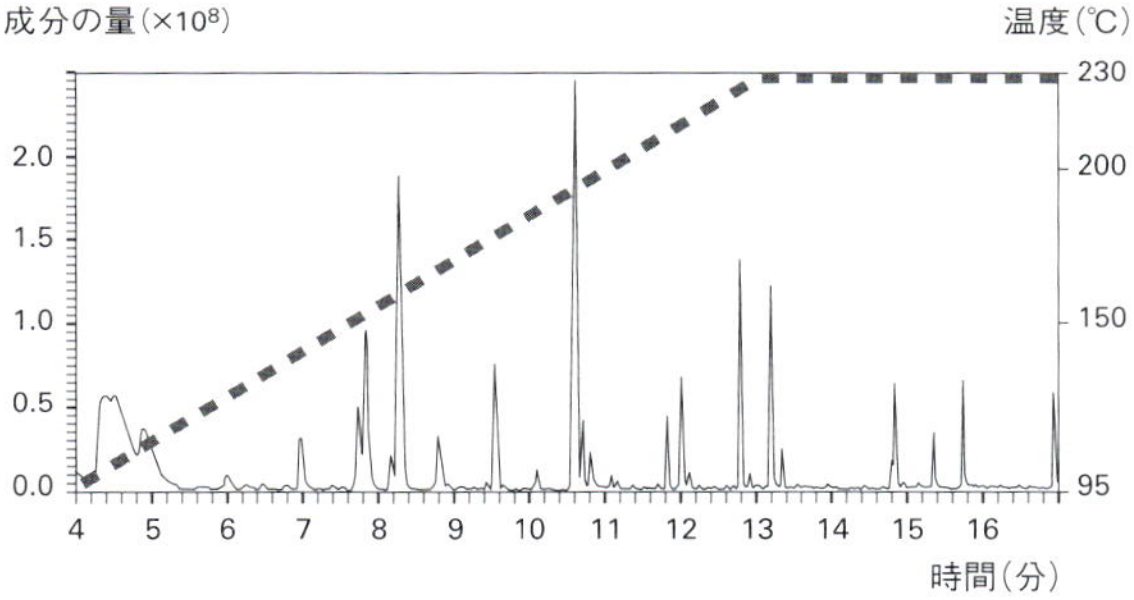

「グランポレール 北海道余市ピノ・ノワール 2009」（サッポロワイン）

除梗・破砕　：除梗・破砕をしている。
酵　母　：培養酵母で発酵。
造りの特徴　：低温浸漬はしていない。オーソドックスな発酵方法。
樽 の 使 用　：新樽率 38%。

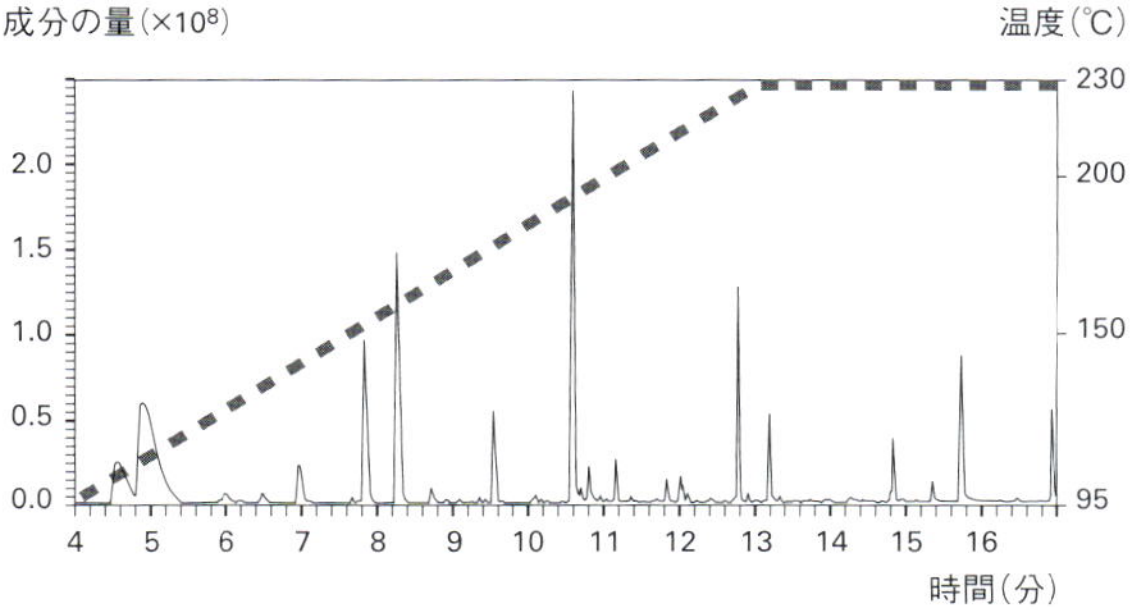

表7 北海道余市町の二つのピノノワール比較②（におい）

（水色の帯）	共通するにおい
水色の文字	強いにおい

「ヨイチ・ノボリ キュムラ ピノ・ノワール 2009」
（ドメーヌ タカヒコ）

分	においの表現
2.95	枯れ葉
4.52	スギ
4.65	材木
5.3	甘い香料とガム
6.07	香料
6.84	枯れ葉
7.23	材木
7.9	足の裏
8.31	リンゴの蜜
8.68	熟した果物
9.01	ドライフルーツ
9.27	薬剤
10.4	薬剤
10.78	かつお節か腐ったにおい
11.19	芋をふかしたにおい
11.8	ピーマンの青臭いにおい
12.07	草
12.35	花
12.75	ギンナン
13.19	腐った水
13.73	タンスの中
13.97	整髪剤
14.57	パーマ液
15.09	腐った野菜
15.19	花
15.28	香料
15.57	マツタケ
15.9	バラ
16.77	焼き芋

「グランポレール北海道余市ピノ・ノワール 2009」
（サッポロワイン）

分	においの表現
3	豆を蒸したにおい
3.22	ベニヤ板
4.57	ツツジの花
5.13	草
5.4	甘い香料とガム
5.7	木
6.3	リンゴの蜜
6.9	スギ
7.23	炊いたご飯
7.42	葉っぱ
7.9	足の裏
8.27	花
8.7	パンを焼いた香り
9.04	接着剤
9.16	おがくず
9.4	おなら
9.75	野菜が腐ったにおい
10.16	甘いにおい
10.33	材木
10.86	酢酸
11.17	芋をふかしたにおい
11.27	整髪剤
11.49	キノコ
11.8	ピーマンの青臭いにおい
12.07	草
12.27	ゴボウ
12.63	土
12.78	薬剤
12.81	腐ったにおい
13.19	ギンナン
13.87	バニラ
14.07	花
14.79	甘い香料
15.31	ユリの花
15.43	馬小屋
15.67	マツタケ
15.9	バラ
16.63	スギ

ピノノワールの特徴的な香りはどこにあるか？

もう一つ、面白いことが指摘できます。ピノノワールのワインの香りは、ベリー、リコリス（甘草）、枯れ葉、土、花などのにおいと表現されることが多いようですが、ピノノワールに特徴的な、このベリーの香りやリコリスの香りというのは、分離されたにおいからは感じられませんでした。

つまり、あるにおいと、あるにおいが混ざったものが、ベリーやリコリスとして感じられるのではないかということが推察されます。逆にいえば、においを分離して、特定のにおい物質が多く含まれるからといって、そのにおいがワインの実際のパフォーマンスとして現れてくるとは限らない。実際に感じられる全体の印象は、別物ということです。

ワインは本当に芸術的な香りですけれども、この一つの香りは、たくさんのにおいの複合臭であり、良いものも、臭いものも、いろいろなにおいが入って、一つの香りが出来上がっています。隠し味のように臭いにおいも入っている。ワインがおいしいのは、香りがあるからです。つまり**臭いにおいも、おいしさに大きく寄与している**といえると思います。

香料について

余談ですが、「香料が添加されている商品は嫌だけど、天然香料ならいいや」と思っている人がいると思います。天然香料は、天然の物から抽出したにおい成分で、香料は、一般的には化学合成されたものを意味します。

しかし、化学合成した香料と天然香料は違うのでしょうか？　実際は、同じ物質です。市販のお茶などにも、香料が加えられているものがあります。この香料には、合成した物質も含まれていますが、合成した物質も自然界の物質と同じ化学式のものを入れているのであって、そういう意味では、天然の、自然の香りを加えているといえるものです。

私からすると、「香料無添加」と書いてあるお茶を見ると笑ってしまいます。なぜなら、そもそもお茶からは「香料」と同じ香りが出てきているのですから。

ですから、ちょっと誤解されがちですが、香料は合成保存料や安定剤とは、まったく違うものです。加えられている量も本当に微量であることを、ひと言添えておきたいと思います。

鼻の構造

では、こういったにおいを、我々はどこで、どう感じているのか？

図8の上の図は、マウスの鼻の中です。鼻を輪切りにしていくと、鼻の中はこのように入り組んでいます。黒いところが骨で、白いところが空気の入ってくる鼻腔《びくう》空間です。その表面に、**嗅上皮**《きゅうじょうひ》というにおいを感じる神経が集まっている上皮があります。

人間の場合、嗅上皮は鼻の上の奥のほうにあります。鼻がつまっているとき、目頭の下の鼻骨を指でつまんで押すことがあると思いますが、そのちょうど後ろの辺りに嗅上皮があり、そこでにおいを感じています。においを嗅ごうとするときには、クンクンと鼻の奥の方に空気を取り込もうとしますよね。嗅上皮に、におい物質がきちんと当たると、においを感じるわけです。

人間の嗅上皮の面積は、鼻腔の大きさからすると非常に狭いです。例えば犬の嗅上皮は、人間の約40倍面積が広いので、神経細胞の数も圧倒的に多い。犬の嗅覚の感度が高いのは、嗅神経細胞の数が多いのが理由の一つです。さらに、もう一つ、鼻の構造にも理由がありま す。犬やマウスは、顔の前に鼻が飛び出していますから、息を吸って空気が鼻に入ってくる

図8 においを感じる嗅上皮はどこにあるか?

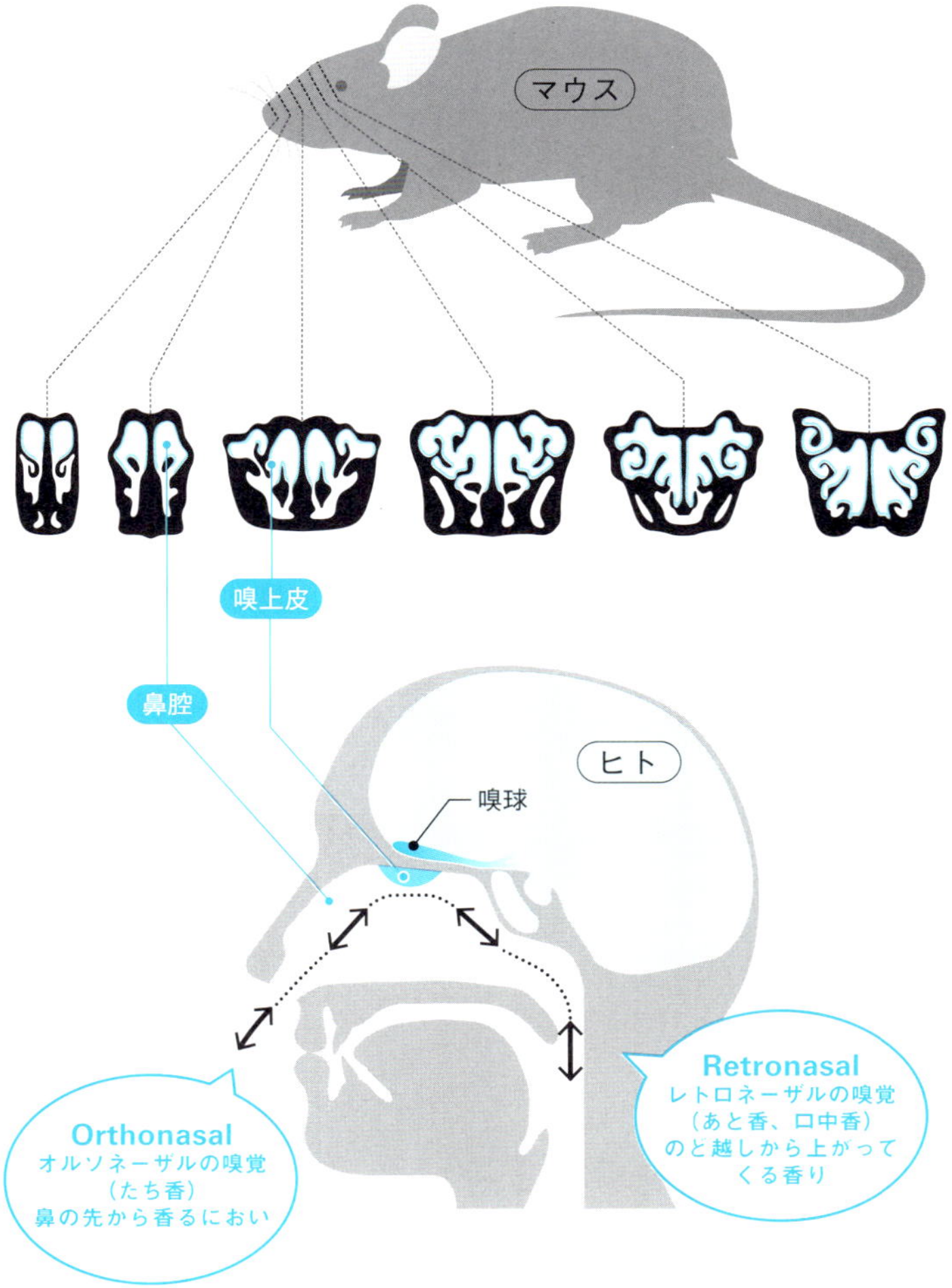

と、そのまま嗅上皮に、においが当たります。ところが人間は、直立二足歩行になって、視覚を使うようになり、嗅覚はあまり使わなくなったので、鼻がへこんで、嗅上皮が鼻の奥の上のほうに押しやられてしまったのです。

その結果、においを直接バンと感じられるような構造ではなくなってしまったわけです。そういう意味で、解剖学的には、人間の嗅覚は少し退化しているといえるかなと思います。

においと味わい

しかし、実は人間は、人間にしかできないワザを持っています。それは何かというと、鼻から嗅ぐだけではなくて、のど越しからにおいを感じることができるということです。

これはマウスにはできない。なぜできないかというと、鼻から肺への気道と、口から食べた物が通る食道のルートが、まったく別だからです。ですから、マウスは食べながら息を吸うことができます。

ところが人間は、のどのところで気道と食道が交差しています。ですから飲み込むときに一回息を止めて、そして飲み込んだ後に、食べ物のにおいがのどから鼻にスッと入ってくる。

そのときに、「おいしい」と感じるのです。もし可能なら、鼻をつまんでワインを飲んでみてください。飲んでみると、酸味しか感じない。外すと、パッと香りがきます。おいしさを味覚よりもにおいで感じているのは、これで明らかです。

ワインを飲むときに、まず鼻先から入ってくる香りを楽しみ、口の中に空気を入れて香りを出して飲み込むと、香りがふわっと上がってきますね。この、のど越しから上がってくる香りを**レトロネーザルの嗅覚（あと香、口中香）**、鼻の先から香るにおいを**オルソネーザルの嗅覚（たち香）**といいます。この両方を感じることができるのは、犬やマウスにはない人間の特技だといえるでしょう。

舌の上に食べ物を置いただけでは、おいしさは感じられません。そしゃくして、のどからのにおいを嗅いで、初めておいしいと感じるわけです。よくテレビ番組で、口に食べ物を入れたとたんに「おいしい！」と発する人が出てきますが、そういう人は、実際は味わっていませんね（笑）。

また興味深いことに、同じチョコレートのにおいでも、鼻から嗅ぐのと、のど越しから嗅ぐのとでは、脳の反応部位に違いが出るようです。この研究からも、私たちは鼻先の「たち香」より、のど越しの「あと香」で、おいしいと感じていることが分かります。

ミクロの目で見るにおいの世界

においを感じる嗅上皮の断面は、**図9**のような構造をしています。

嗅神経細胞がにおいを感じる神経で、それを支えるのが支持細胞です。この二つの細胞が、基底細胞から生まれ出てくる。これらは外界に接していますから、ボウマン腺や鼻腺という分泌腺が、表面が乾かないように粘液を作り出し、嗅上皮を覆っている。

におい物質は鼻腔から入ってきて、粘液に溶け込んで、においを感じる神経を刺激します。我々は空気中のにおい物質を嗅いでいるかと思いきや、実はそうではなくて、一回、粘液に溶け込んだものを感じているわけです。つまりミクロの世界では、水中のにおい物質を感じていることになります。そういう意味では、魚と一緒かもしれないですね。

図9 嗅上皮の嗅神経細胞で、においは感知される。

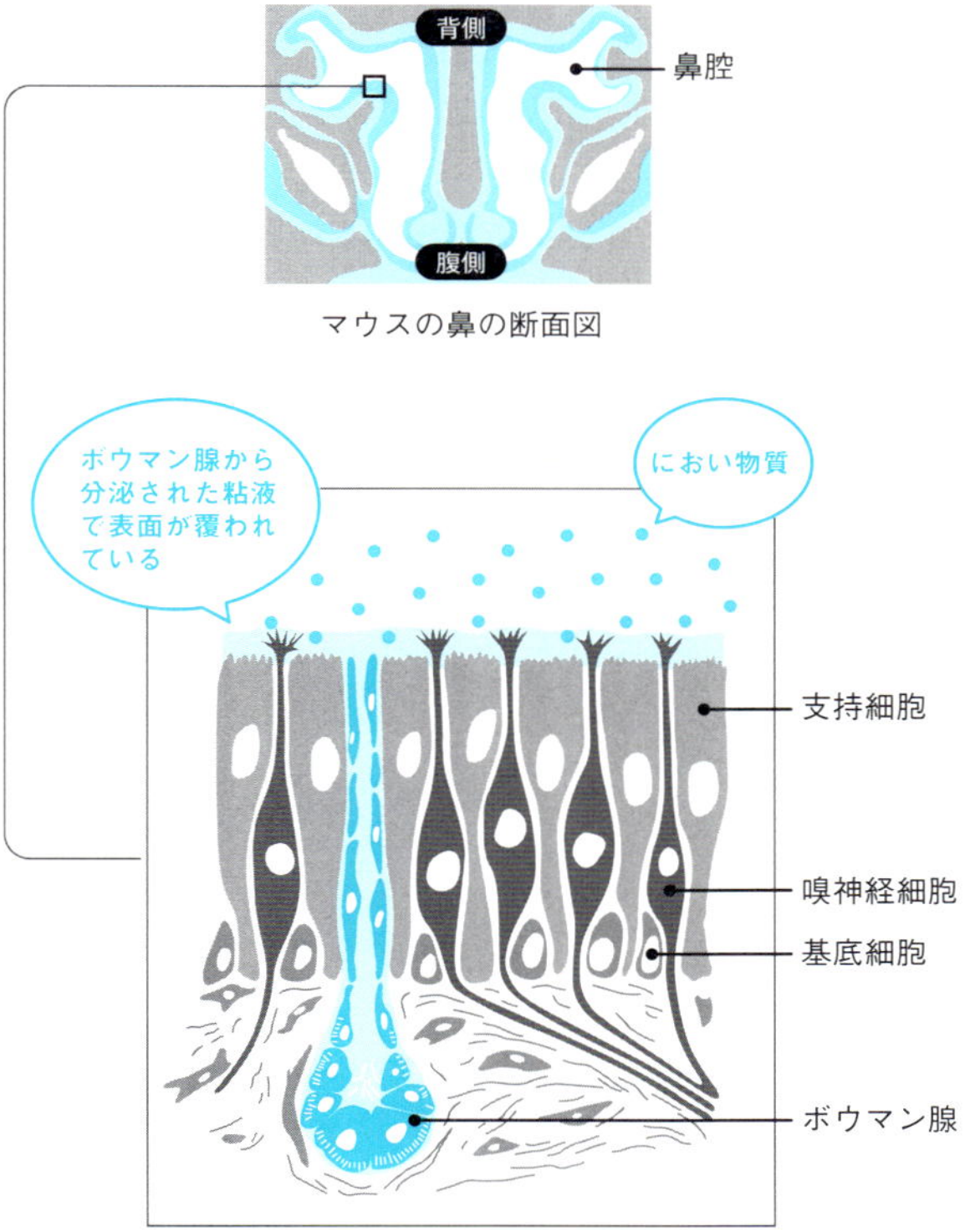

加齢と嗅覚

においを感じる嗅神経細胞は、実は生涯にわたりどんどん生まれ変わっていきます。人体で生涯、生まれ変わり続ける神経はこれだけです。

脳にはたくさんの神経がありますが、18歳以降は少なくなっていくだけです。最近は学習をすれば、新しい神経が出来るといわれていますが、基本的にはどんどん生まれ変わるようなことはありません。

しかし、鼻の中の神経だけは、数週間から数カ月で生まれ変わっていきます。おじいさんになっても、おばあさんになっても、ちゃんとにおいが嗅げるのはそのためです。

ただし年を取ると、神経全体の数がおよそ9割か8割くらいに減っていきますので、どうしても少し感度は落ちてきます。それでも、さまざまなにおいのテストをすると、ほかの年代に比べて、おじいさんやおばあさんのほうが、においの感覚が良いことがあります。それはおそらく、たくさんのにおいを体験してきているため、経験で嗅ぎ分けることができるのではないかと思われます。

においを感じる仕組み

そして、人の嗅上皮をもっと細かく、電子顕微鏡で見たのが**図10**の写真です。左は嗅上皮の断面の写真で、もしゃもしゃといっぱい毛のようなものが生えているところが表面です。それを拡大したのが右の写真で、一つ一つの嗅神経細胞には、こういった毛のようなものが生えています。におい物質は粘液に入ってきて、この毛のようなものに、ペトッとくっつくわけです。これはすごく小さなもので、繊毛《せんもう》と呼ばれるものです。鼻毛とかではなくて、もっともっと小さい。

ここに実は、においを感じるセンサータンパク質である、**嗅覚受容体**があります。

この嗅覚受容体を発見したのが、コロンビア大学のリチャード・アクセルと、現在シアトルにいるリンダ・バックです（嗅覚受容体の情報をコードする遺伝子を発見。2004年にノーベル医学生理学賞を受賞）。

嗅覚受容体は、繊毛の表面にヘビのようにぐにゃぐにゃと七回、折りたたまれているような形で存在するタンパク質です。このタイプのタンパク質は、Gタンパク質共役型受容体と呼ばれるタンパク質ファミリーを作っています。アドレナリンとかドーパミンといったホル

図10 ヒトの嗅神経細胞の電子顕微鏡写真

低倍率　　高倍率

taken by Dr. Constanzo

モンの受容体もこの仲間で、薬の3〜4割程度が作用するタンパク質です。このファミリーを見つけたデューク大学のロバート・レフコウィッツとブライアン・コビルカは、2012年のノーベル化学賞を受賞しています。レフコウィッツ博士は、実は、私のアメリカ留学時代の師匠です。

さて、このように鼻の中に入って粘液に溶け込んだにおい物質が、嗅上皮の先端に存在する嗅覚受容体に結合すると、神経が電気的に興奮して、脳に情報が伝わっていくことで、においを感じることができるわけです。この嗅覚受容体が、我々人間には、実に400種類くらいあります。マウスで約1000種類、カエルで約400種類、昆虫で60〜200種類、魚で約100種類と、膨大な数があるわけです。

そして人間が、この約400種類の嗅覚受容体で、どのようににおいを感じているかというと、複数の嗅覚受容体の組み合わせによって、一つ一つのにおいを識別しています。それを簡単な図にしたのが**図11**です。

例えば、におい物質**A**は嗅覚受容体①で認識される。におい物質**B**は、嗅覚受容体①と②で認識される。におい物質**C**は、②と③で認識されるというように、それぞれのにおい物質に対して、結合する嗅覚受容体の組み合わせが違う。数百種類の嗅覚受容体の組み合わせ

図11 嗅覚受容体の組み合わせによってにおいを区別している。

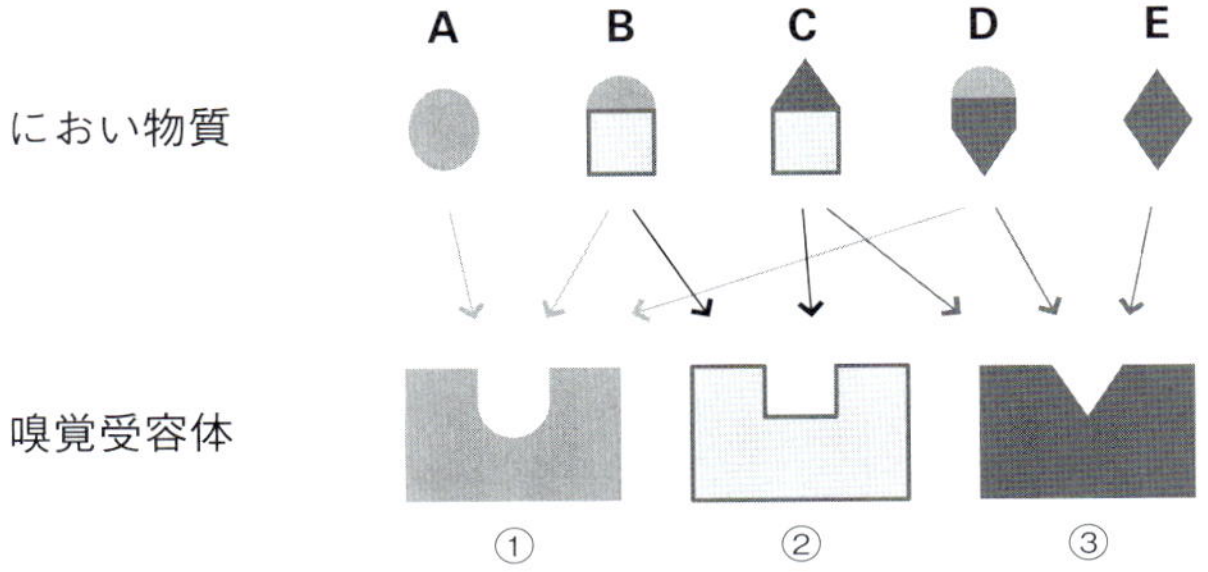

におい物質 A は①
におい物質 B は①と②
におい物質 C は②と③で認識される。
人間にはこの嗅覚受容体（①～③）が 400 種類程度ある。

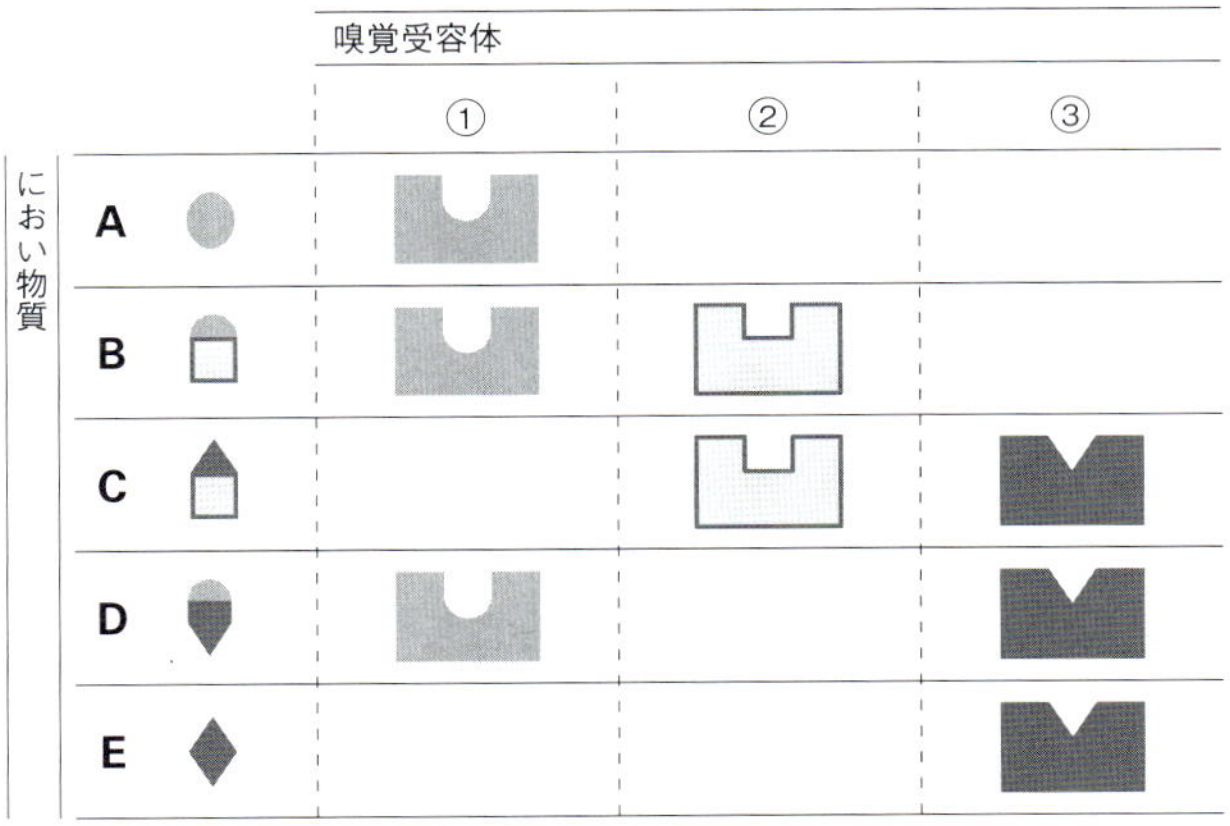

は、はるかに多いので、人間は約400種類の嗅覚受容体で何万種類ものにおいをそれぞれ違うものとして感じるわけです。

そして、この組み合わせを、実は目で見ることができます。

においは組み合わせで感じる

実際にどうやって見るのかというと、我々人間で実験するのはちょっと難しいので、マウスを使いましょう。麻酔をかけたマウスの頭を少し剥いで、におい物質を嗅がせて、顕微鏡で脳が活性化している様子を見ています。それが、**図12**の画像です。

明るくなっているところが、一つ一つの嗅覚受容体の信号を受け取った部位に相当します。なぜ明るくなるかというと、そこにはカルシウムイオンに反応する蛍光色素が入れてあり、においの信号が入ってくると、カルシウムイオンの濃度の上昇に伴って、蛍光が発せられるからです。

ここで嗅がせたのは、汗臭さや足の裏のにおいにも含まれている**イソ吉草《きっそう》酸**と、果実のにおいがする**ヘプタナール**と**ヘプタノン**です。

図12 嗅球でのにおい応答イメージング

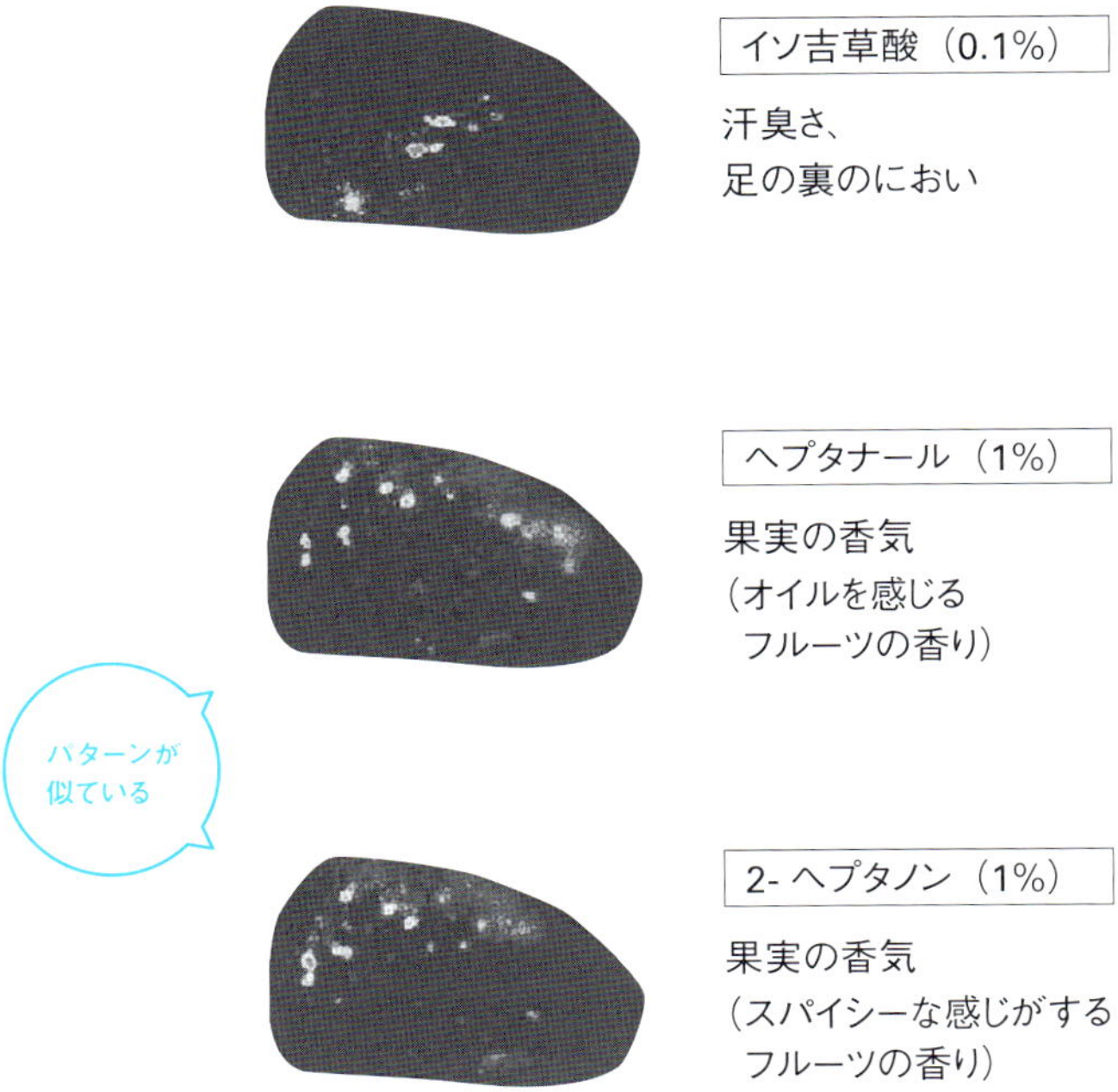

イソ吉草酸とヘプタナールとでは、光っている場所が違う。まったく違うにおいは、嗅覚受容体の組み合わせが全然違いますね。それに対して、ヘプタナールとヘプタノンは似ている。パターンが似ていると、においの質も似ています。両方とも果実の香気ですが、ちょっとパターンが違っているので、ヘプタナールはオイルを感じるフルーツの香り、ヘプタノンはスパイシーな感じがするフルーツの香りになるわけです。このように、嗅覚受容体の組み合わせで、においを識別できるのです。

それからもう一つ、においの面白いところは、同じにおい物質でも、濃度によって、いいにおいになったり、嫌なにおいになったりするときがあることです。

例えば、ヘプタナールは0・001パーセントでは、少し酸化したナッツの香りになります。そこから段々濃くしていくと、0・01パーセントでは、ペンキや絵の具のようなにおいに変わり、0・1パーセントになると、濃い葉っぱと熟した果実香が合わさった香りになります。なぜ、そうなるかというと、嗅覚受容体には、低い濃度でも反応するものから、高い濃度でないと反応しないものまで、いろいろあるので、濃くしていくと、より多くのセンサーが反応するようになって、パターンが変わるからです。だから、においの質が変わっていくわけです（**図13**）。

図13 におい物質の濃度の上昇とともに受容体の組み合わせが変化

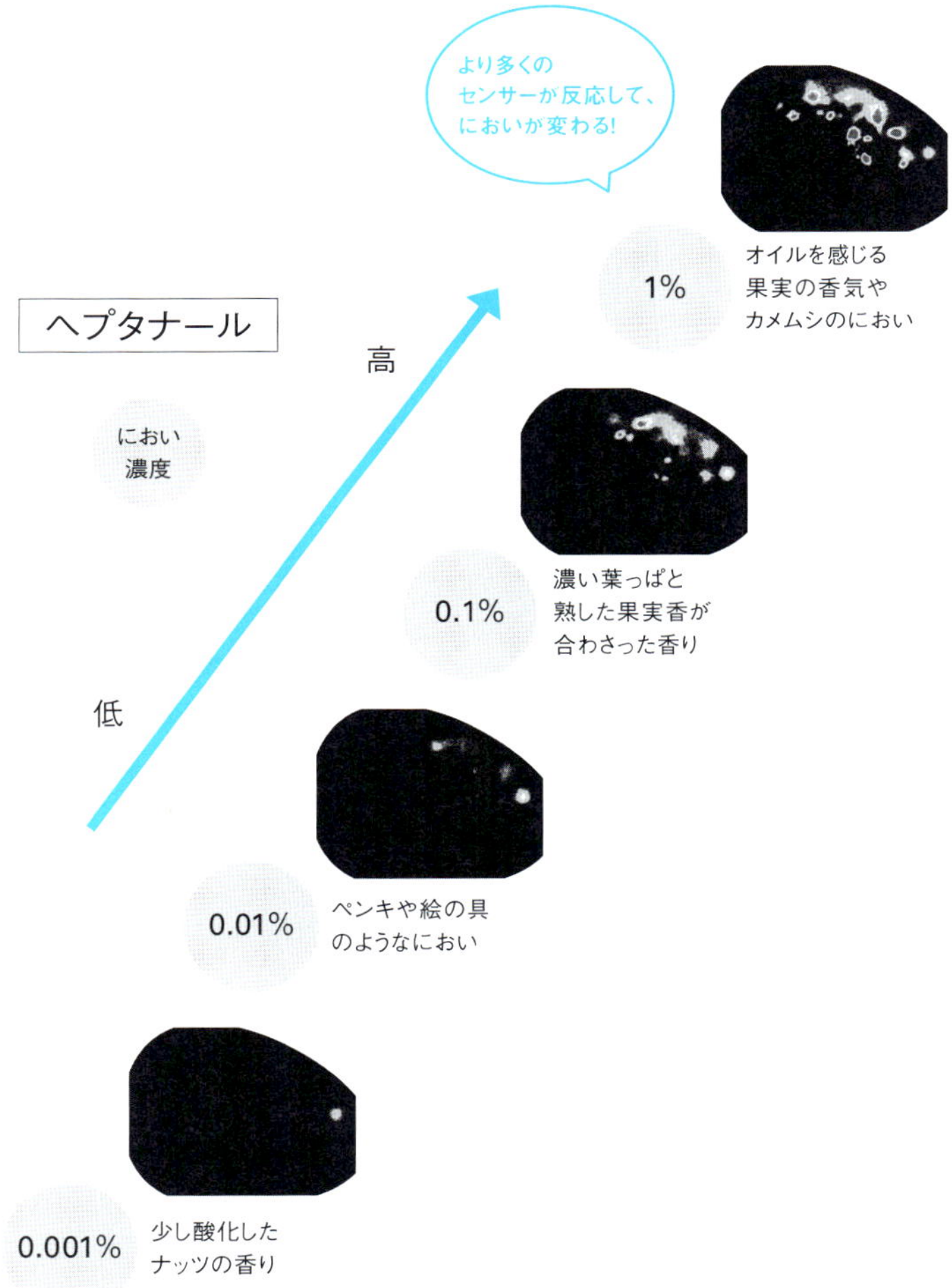

©Yoshiki Takai

においの相互作用

ワインには、たくさんのにおい物質が入っています。だからワインの香りを嗅いでいるときには、鼻の中にいろいろなにおい物質が一気に入って来るわけです。すると、どうなるのか？単純に考えると、「いろいろなにおい物質が一度に入って来るわけだから、嗅覚受容体はすごくいっぱい反応して、全体が光るのではないか？」と予想します。確かに、いろいろなところが応答するのですが、意外と、全体が光るというほどではない。実際に、マウスにワインを嗅がせたものが、**4ページ**の画像です。

その理由の一つは、さきほどのガスクロマトグラフィーのにおい嗅ぎでも、においを感じるピークと感じないピークがあったのと同じように、ワインに500種類以上のにおい物質が入っているといっても、鼻では500種類は感じていないからです。つまり、ワインに「500種類以上のにおい物質がある」というのは、「それぞれの物質の量が十分にあれば、本来、人間が感じ取れるものが500種類以上ある」ということです。我々は、その中の一部を鼻で感じているわけです。

それと同時に、もう一つ、こんなことが起きています。

例えば、におい物質が単体なら、嗅覚受容体は活性化されないのに、ある二つのにおい物質が両方あることによって量が増えて、パッとスイッチがオンになるときや、反対に、そのにおい物質で嗅覚受容体が活性化されるはずなのに、ある別のにおいがそれをブロックしてしまうようなときがある。つまり、においが混ざると、嗅覚受容体が**相乗効果**を受けたり、あるいは**抑制**されたりということが起きるのです。

すると、どうなるかというと、**図14**を見てください。

単一のにおい物質**A**と**B**は、嗅覚受容体がこれらを認識して出来上がるにおいのコードが、**A**は①、**B**は②のパターンである。すると、**A**と**B**を混ぜると、においのコードは①＋②の足し算になるのではないかと思うわけです。

ところが実際は、相乗効果や抑制を受けて、①でも②でもない、また足し算でもない、新しいパターンが出来上がるのです。こういうことが、においでは起こります。ですから、ワインの中には、いろいろなにおいが混ざっていますけれども、混ざっていくと、こういった不思議なことがいっぱい起きて、そして新しい香りが出来上がるのです。

そこがにおいの非常に面白いところで、例えば味覚であれば、「甘い」、「酸っぱい」が、いくら混ざってもやはり別々の感じ方ですが、においの場合は、混ざると新しいにおいが出来

図14 相乗効果と抑制効果によるにおいのマリアージュ

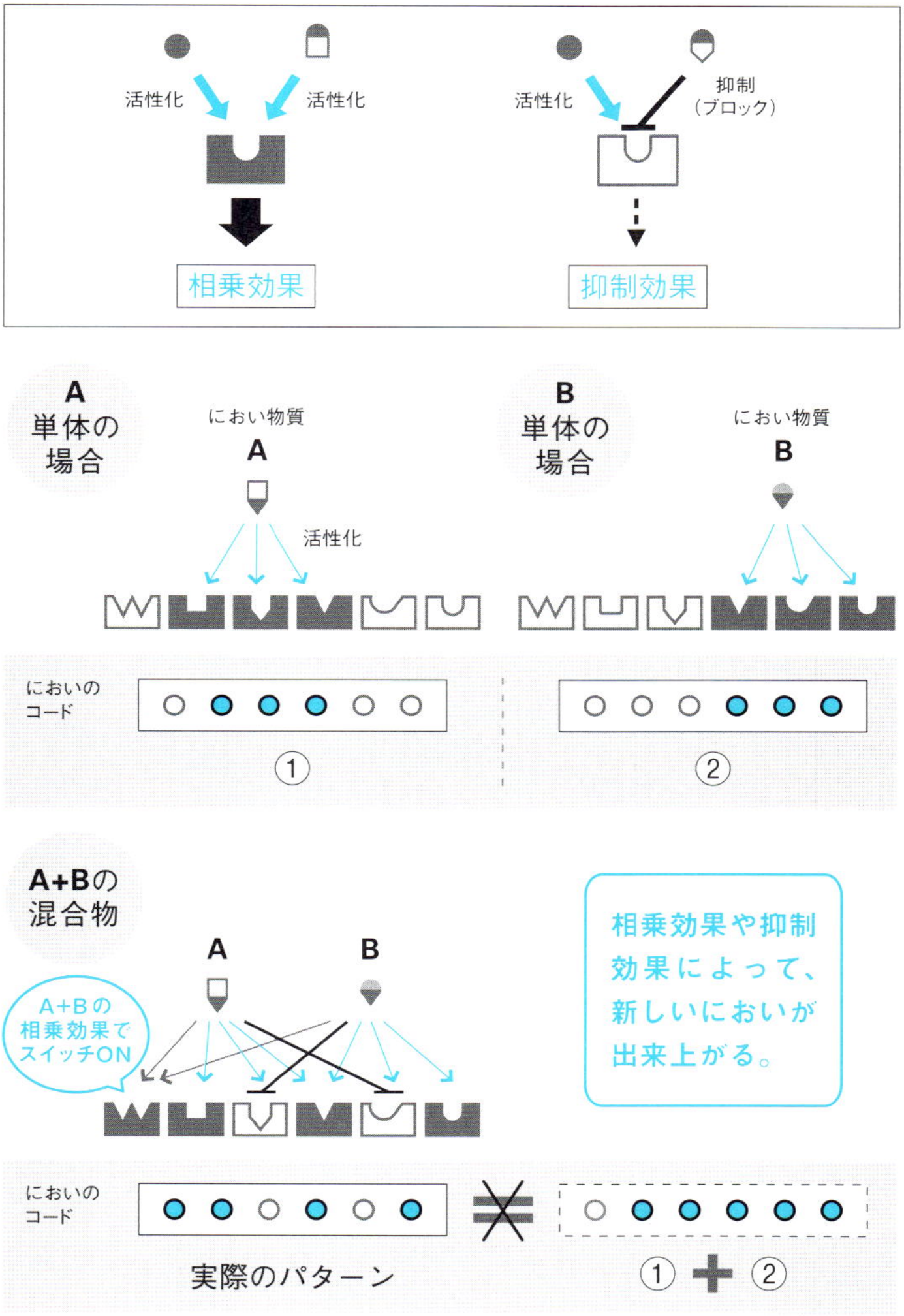

上がってくる。ですから、先ほどの香水にしても、ワインにしても、いろいろなにおいが混ざって、複雑な相互作用をして、最終的に一つの香りが出来上がる。これがにおいの面白いところ、あるいはその種類が無限であり、予測できないところでもあるわけです。その神秘性が、多くの人を魅了する理由です。

口や鼻の中で生まれるにおい

さらに、ワインを口に含んだとき、あるいは鼻に到達するまでに、グラスから出ている香り以外のものが出来ることがあります。

近年、話題となったシャトー・メルシャンの甲州ワイン「甲州きいろ香」を例にすると、ワインの中にある、においの元となる物質（においの前駆体）が、口に含んだときに唾液中のリアーゼという酵素と反応して、独特の香りである3‐メルカプト‐1‐ヘキサノール（3MH）が出来上がるという話があります。また、ワインの中の鉄分が魚介類の脂質と反応して、生臭み（(*E*,*Z*)‐2,4‐ヘプタジエナール）を発生させるという研究もあります。

こういった反応が口の中で起こる。それは**酵素反応**、あるいは**酸化反応**です。ですから、グラスの中にはなかった香りが、口に含むことによって新たに発生することもある。それはいい香りであったり、よくないにおいであったりもするわけです。

それから、酵素反応や酸化反応は鼻の中でも起こります。鼻の中に入ったにおい物質は、一回、粘液に溶け込みますが、実は鼻の粘液の中にも酵素があって、一瞬のうちに反応してしまう場合があるのです。

ですから、グラスから立ち上る香りは、口の中でも反応して変わるし、鼻の中に入っても、また複雑になるので、必ずしもグラスから出てくる香りだけで、そのワインの香りが決定されるわけではない。

また、こういった反応は実は個人差があって、さらに体調によっても変わるので、同じワインでも、何か違って感じられることもあります。

湿度とにおい

また、湿度や気圧によっても、においの飛び方は違います。におい物質は、まったくチリも水気もないところではやはり揮発しにくく、例えばエベレストのような８０００メートル級の山の上では、においはしないといわれています。山頂に到達した登山家が、山の途中にあるキャンプで花束を渡されて、においを嗅いだけれども、全然におわない。ところがふもとに戻ってくると、その花はとてもいい香りがしたという話があります。

また例えば、カリフォルニアの非常に乾いた気候で革のジャンパーを着ていると、そのにおいはとてもいいものですが、日本の梅雨の時期に、電車の中で着るとやはり臭いですよね。このように、**においには湿度が重要**なのです。同じワインでも、フランスで飲んだときと日本で飲むときとでは、感じ方が違うのはそのためなのです。

ですから、日本の気候に合ったにおいというものも、おそらくあるだろうと思います。そういう意味では、これは、私見ですけれども、フランスでおいしいといわれるワインが、必ずしも、日本で飲んでおいしいとは限らないですし、地元で造られたワインが、地元の人々には受け入れやすいのだと思います。

においと情動

我々の科学の父であるレオナルド・ダ・ヴィンチは次の言葉を残しています。

「香りという無限の組み合わせを感じる嗅覚というものは、動物をそれ自体で喜ばすものである」

当時は、科学が全然進んでいなかった時代ですけれども、「香りという無限の組み合わせ」というのは、これまで述べてきた、現在のにおいに関する知識そのままの表現ですね。さすがレオナルド・ダ・ヴィンチだなと思います。

それから、「動物をそれ自体で喜ばすものである」。これはどういう意味かというと、香りというものが、性的な、あるいは情動など、気持ちに訴えかけるような力があるという意味です。なぜ、そういった力を持っているかというのは、神経回路を見れば明らかです。

図15を見てください。

まず、におい物質が鼻の中に入ってきます。そして嗅上皮の嗅神経細胞の先端に付いているセンサータンパク質に結合すると、神経が電気的に興奮して、その電気信号は①の**嗅球**（脳の前頭下部にある嗅覚の一次中枢）に伝わります。ここで次の神経に信号が渡って、脳の奥のほうに入っていきます。

それから、**梨状皮質**《りじょう》（②）というところまで信号が伝わると、そこで例えば「バナナの香

図15 においの信号が伝わる脳の部位

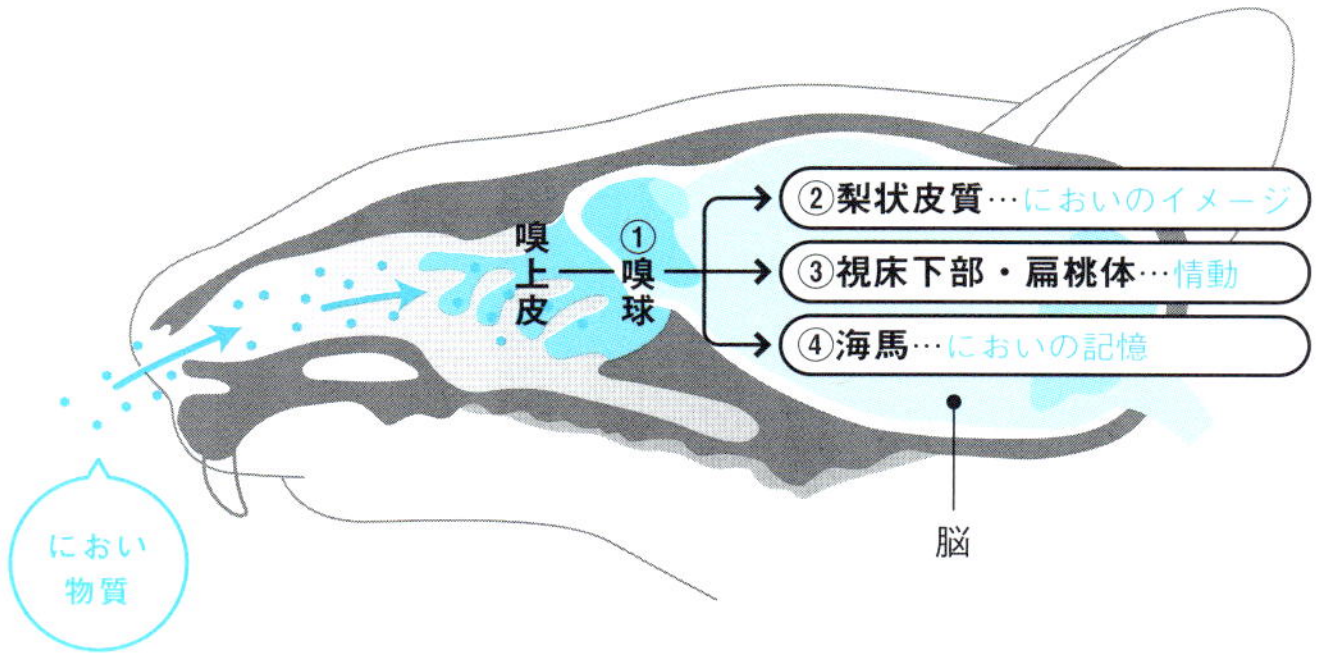

りがするな」とか、「マツタケの香りがするな」というようなにおいのイメージができます。**視床下部**や**扁桃体**（③）というところにも信号は伝わります。ここは本能的な気持ちを左右するところです。さらに、ホルモンの分泌を促します。ホルモン系を動かすので、当然、気持ちや情動も変わります。においを嗅いでワクワクしたり、ラベンダーの香りで鎮静されたりするのはそのためです。ただ、なぜ情動が動くのかは、まだよく分かっていません。

においと記憶

それからもう一つ、においの信号が伝わる重要なところは、**海馬**《かいば》です（④）。海馬というのは、皆さんご存じのように、記憶を支えるところですね。ですから、例えばあるにおいを嗅いだときに、スッと昔の情景が戻ってくることがある。マルセル・プルーストの長編小説『失われた時を求めて』に、マドレーヌのかけらを口にして、そのにおいと風味から叔母さんのことを思い出す有名な場面がありますが、においの信号は直接、海馬にパーンと入っていきますので、すぐに思い出すわけです。

鼻から海馬への神経回路は、目から入ってくる信号が海馬に到達する距離よりも短いので、情景を目で見て何かを思い出すよりも、においのほうが早く記憶が思い起こされます。目から入る信号は、頭の後ろのほうに行って、視床下部や扁桃体、海馬などには直接入っていかないので、鼻から来た信号のほうが、よっぽど情動や記憶に直接、訴えかける。

そして例えば、ワインの香りを嗅いだときに、この海馬と梨状皮質とがやりとりをして、

「ワインの中のこの香りは、マツタケの香りだ」

というように記憶の再認をしているわけです。

こういった形で、においというのは脳の奥深いところ、人間の記憶や情動を制御するような場所に入っていく。そこがやはり、においの持つパワーの由縁ではないかと思います。

においに対する人の脳の反応

最近では、においに応答している様子を、人の脳でも見られるようになってきました。ＰＥＴというイメージング法や、ＭＲＩという核磁気共鳴法《かくじききょうめいほう》を使ったイメージング法です。ＭＲＩは、多分、病院で受けたことがある人もいると思うのですが、カンカンカンと大きな音がする、あの検査です。ＭＲＩを使うと、においを嗅いだ場合、どの部分で脳が活性化する

かが分かります。

ところが人の脳というのは、においの信号だけではなくて、いろいろな信号が一緒に入ってきて統合されていますから、実は非常に心理的な影響、あるいは情報による影響が大きい。

例えば、イソ吉草酸は、汗臭さや足の裏、納豆に例えられるにおいですが、これを

「足の裏のにおいです」

と言ってから人に渡すと、嗅ぐ人は「足の裏のにおいは臭い」と思っているから、「臭い」と思います。しかし、

「これは何のにおいでしょう?」

と言われて嗅いだら、足の裏のにおいというイメージが浮かぶまでは、もしかしたら臭いと思わないかもしれない。

「これは納豆のにおいですよ」と言って渡せば、納豆が好きな人は「これは熟成した納豆のにおいかな」と思って、嫌な臭いにおいだとも思わないかもしれない。そして臭いと思っていないとき、脳の反応は違います。これが心理的な影響です。

情報による影響というのは、例えば、ソムリエが、ワインを嗅いだときの脳のパターンと、ワインを職業としない一般の飲み手が、ワインを嗅いだときの脳のパターンが、全然違うこ

とからも推測できます。ソムリエは、いろいろなことを思い出しながら、それらが繋がって脳の中で文脈が出来上がっていくので、言語中枢を含め、さまざまな場所が活性化します。しかし、同じワインを嗅いでも、それが好きか嫌いかというような反応しかない場合は、まったく違ったパターンになるのです。

人の脳は、そうしたいろいろな感覚からの信号の影響が大きく、これがにおいの信号だと必ずしも特定できない部分もあるので、解釈は難しいのですが、今後は、こういったいろいろな感覚の信号を分離して、もう少し細かく、においを嗅いでどんなことを感じているかなど、さまざまなことを研究できる時代になってくるのではないかと思います。

フェロモンを嗅ぐ

さて、ワインにもエロティックな、なまめかしい香りがあります。そこで思い浮かぶ言葉が「フェロモン」です。ここに動物のフェロモンが二種類あります。

一つは、**ムスコン**（ムスク）のにおいです。ムスコンは、もともとはジャコウジカの臭腺から出てくるにおい物質で、牡鹿のフェロモンです。これは非常にいい香りを呈することから、いろいろな形で我々の生活でも使われているものです。香水にも使われていますし、柔軟剤にもかなり入っています。ただし、ムスコンそのものは結構、高価なので、生活用品の香料には、類似物質が使われています。

それからもう一つは、**アンドロステノン**。これは豚のオスのフェロモンです。オス豚の唾液に含まれている物質で、メスがそのにおいを嗅ぐと、お尻を突き出して交尾姿勢を取ります。これは商業的に、とても重要なにおいでした。実はトリュフから、このにおいがしているのです。ですからトリュフの近くに行くと、豚のメスが反応します。最近ではトリュフを探すときに犬を使うようになっているらしいですが、豚を使ったのは、そのためです。

こういった性ホルモン由来のにおいは、我々人間からも検出されます。男性からも女性からも検出されますが、一般的に男性のほうが多いイメージが持たれているようです。

性差と個体差

これらのにおいには、人によって好き嫌いがあります。実は、視床下部というのは性差があって、男性と女性とで反応する場所が違う。だから、特に好き嫌いなどといった嗜好は、男性と女性で感じ方が違うことがあります。

さらに、これらのにおいを感じられない人もいます。左にその例を示しています。においが感じられない人は、例えば**図16**のように、嗅覚受容体のひとつが機能しなくなっているようなケースが考えられます。ほとんどのにおい物質は、複数の受容体によって認識されるので、においを感じられなくなることはあまりないのですが、たまに、におい物質**A**のように感じられなくなることがある。

要するに、個人個人にさまざまな認識パターンの違いがあるのです。遺伝子が少しずつ違っているために、嗅覚受容体の機能、ひいては、においの感じ方にいろいろな違いを生むわけです。人間の嗅覚受容体というのは、約４００種類あります。しかも、どんどん進化している遺伝子で、必要がなくなったら、嗅覚受容体の遺伝子もなくなっていきます。

例えば、クジラやイルカは、音を使って相手とのコミュニケーションをとり、もうほとんどにおいを使わないため、嗅覚受容体の遺伝子がなくなっています。においを使わなくなったから、なくなった。それほど、種の中でも進化が早い遺伝子です。ですから当然、個体差があります。

ムスコンは約６パーセントの人がにおいを感じないといわれています。アンドロステノン

図16 嗅覚受容体遺伝子の変異により においが感じられないケース

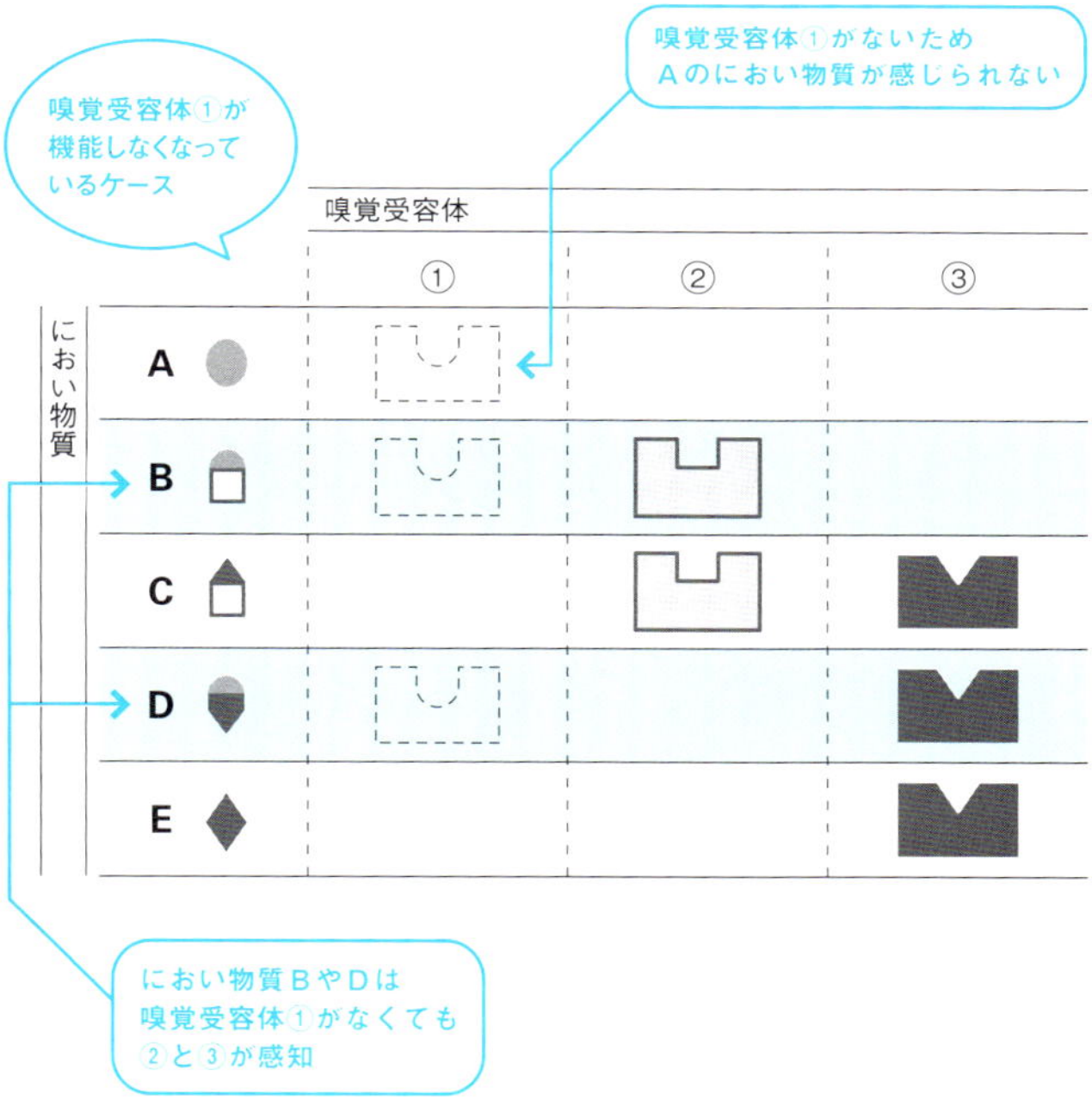
嗅覚受容体①がないため Aのにおい物質が感じられない
嗅覚受容体①が機能しなくなっているケース
嗅覚受容体
①
②
③
におい物質
A
B
C
D
E
におい物質BやDは嗅覚受容体①がなくても②と③が感知

■ においを感じない人の比率

アンドロステノン（尿臭）	約6.0%
ムスコン（麝香臭）	約6.0%
イソ吉草酸（汗臭さ、足の裏）	約4.0%
スカトール（糞臭）	約2.3%
イソアミルアセテート（バナナのにおい）	約1.3%

出典：2009 AChemS by C.J.Wysocki（モネル化学感覚研究所）

も約6パーセント、におえない人はなぜか、男性が多いですね。

それから実は、足の裏のにおいがするイソ吉草酸も、感じない人が約4パーセントいます。大学のオープンキャンパスなどで、参加者にイソ吉草酸を嗅いでもらってテストをするのですが、ほかのにおいは嗅げるのに、それだけはにおいを感じられない人が実際にいます。でも、こういった場合でも、ほかの受容体がたくさんあり、ほかのにおいを感じることができるので問題ありません。

ここからいえることは、やはり、一人一人感じ方が違うということです。

まとめると、においと嗅覚受容体は、カギとカギ穴の関係で、たくさんのにおいを組み合わせで区別している。においの感じ方は、男女差と個人差がある。そして、いいにおい、嫌なにおいというのも、気持ち次第ということになります。

においを感じる人、感じない人の違い

ちなみに、におい全般を感じない人というのは、実は、遺伝子によるものではほとんどなく、その多くが、鼻の中の物理的な要因を持っているようです。要するに、鼻先から嗅上皮

までのルートがちょっと狭くて空気が通りづらいとか、鼻炎で鼻が詰まっているとかで、においがちゃんと嗅上皮まで当たっていないのです。

自分は鼻が利かないといって、耳鼻科に行く5割以上の人の原因が、物理的な問題だといわれています。嗅上皮の神経の数は、皆ほとんど同じで、個人差はありません。嗅上皮の広さも、それほど個人差はありません。

また男女を比べると、女性のほうがにおいに敏感です。女性は性周期があるので、体調によって感じ方が違うため、やはり、においに気が付きやすくなるということがあると思います。また、タバコを吸う人と吸わない人とで、においの検査では、特に違いはありません。ヘビースモーカーだからといって、においを感じない人が多いかというと、そうでもないようです。

においは生きるための情報

我々にとってにおいは、お香を楽しんだり、ワインの香りを楽しんだり、おいしく料理を食べたり、というように、生活の質を上げるためのものになっています。では、ほかの動物にとって、においとは何なのか？

実は、ほかの動物にとってにおいとは、生きるか死ぬかの貴重な情報なのです。

まず、食べ物のにおい。においをたどって、食べ物がある場所に行って食べないと、これはもう、生きていけないわけです。例えば、カイコを24時間絶食させて、お腹を空かせます。すると、同じ箱の中に何もないときには、まったく動かないのですが、そこにクワの葉を入れると、どんどん集まってきます。クワの葉からジャスミンのにおいがするシスジャスモンという物質が出ていて、これが強力にカイコを引き寄せるのです。カイコにとってシスジャスモンは、クワの葉が発する食べ物の信号です。こういった食べ物の信号を感知するということは、生物にとって非常に重要です。

植物のにおいの使い方

植物が発するにおいは、もちろん、食べ物の信号ということだけではありません。実は植物はいろいろなものに、においを利用しています。

２０１０年７月に東大の小石川植物園で、世界最大級の花、ショクダイオオコンニャクが咲きました（1ページ参照）。これは7年に一度しか咲かない、とても珍しい花ですが、非常に臭いにおいを発します。

ジメチルトリスルフィドという物質で、ガスのようなにおいです。これは酵母などの微生物も作るにおいで、ワインからは検出されていませんが、たくあんなどの発酵食品で検出されるにおいです。そのにおいにハエが寄ってきて受粉します。虫を引き寄せるために、花はにおいを放出するわけです。

そして、植物は動けないからこそ、単ににおいを出すだけではなく、実はにおいを使って交信をしています。それはどういうことかというと、例えば、芋虫に食われた植物は、そこからあるにおいを出すのです。ハサミで植物の組織を傷つけたときに出るようなにおいではなく、特別なにおいを出します。すると、このにおいを感じて、芋虫を食べる天敵がやってきます。さらに、このにおいを、まだ食べられていない植物が感じると、あらかじめ防御応答をして、自らも同じにおいを出して、天敵を引き寄せるのです。

こういった形で、植物もにおいを判別することができるのです。ですから、生態系において、においというのは、非常に重要な役割をしている。生きていくために、どの生物も必死になってにおいを嗅いでいるわけです。

先天的なにおいと学習するにおい

まだ目が見えないウサギの赤ちゃんに、ガラス棒の先に付けた、お母さんのミルクの中に含まれているにおい（2-メチルブテナール）を嗅がせます。すると、ぱくっと口を開けます。このにおい以外では、絶対に口を開けません。

ウサギの赤ちゃんは、まだ目が見えないですから、お母さんのお腹のあたりをまさぐって、乳首のあたりに行くと、そこから出ているミルクから、このにおい物質を感知して、ぱくっと口を開けて吸うことができる。もし鼻がなくて、においを感じることができなかったら、口は絶対に開けないので、ミルクを飲めなくて死んでしまう。ミルクの中に含まれているにおいは、お母さんと赤ちゃんを結ぶ大切な絆のにおいであるわけです。においというのは、動物にとって、非常に重要なシグナルなのです。

これは生まれつき持っている本能的な反射行動で、記憶した反応とは違います。ウサギの赤ちゃんに、口を開けるにおい物質と別のにおい物質を、同時に与えることを何回か繰り返すと、実はその別のにおいにも口を開けるようになるのです。これは後天的に学習した行動です。においというのは、先天的に反応するものと、後天的に学習したものがあります。人間にとっても、先天的にいいにおいと思えるもの、よくないものがあるかもしれません。

このほかにも、においというのは、仲間と敵を識別したり、異性を識別したり、動物界では非常に重要な役割を持っているわけです。

においは変わる

「ちょっと古くなったあぶら」

「ろうのにおい」

「私はナフタリンのような、タンスのにおいがしました」

「紙みたいな、木みたいな」

「図書館のにおい」

「昔の外資系の口紅のにおいがします」

これは、あるにおいについての感想です。何のにおいか、分かるでしょうか?

実は、加齢臭です。

少し前までは、親父臭といわれていたにおいです。この加齢臭は何なのかというと、脂肪酸の酸化物のにおいです。ちょっと古くなったあぶらですとか、ろうというのも同じです。タンスのにおいというのも当たっています。確かに衣替えするときに、タンスにしまっておいた服を出すと、少しにおいますよね。これは、洋服を洗濯しても、どうしても汗の脂が残るからなのです。つまり、このにおいも、脂が酸化しているにおいです。

また、ほとんどの人は、加齢臭をポマードのにおいと誤解しているようですが、科学的には確かにその通りです。なぜかというと、ポマードには、ひまし油が入っている。嗅いでもらった2－ノネナールやペラルゴン酸は、二重結合が入っているアルデヒド（不飽和アルデヒド）です。これは、ひまし油からも結構、検出されます。ですからポマードも、こういった油が酸化したようなにおいがするのです。

女性ホルモンが加齢臭の分泌を少し抑えると考えられていて、そのため、親父臭、つまり男性のにおいというふうに思われていますが、基本的には男女差はなく、そもそも最初に検出されたのは女性です。これは資生堂が見つけました。

図17 加齢臭は、脂質が酸化分解されて発する。

2-ノネナール

あぶら臭い、青臭い、ろうそくのようなにおい

40代以降の男女の加齢臭

ペラルゴン酸（ノナン酸）

使い古した食用油に似たにおい

30代男性の加齢臭

脂質が酸化分解されて発するにおいなので、どうしても年を取ってくると出てくるものです。また、体調によっても変わります。不摂生をしている人は、やはり出てきやすい。ですから、心身ともに健康であれば出にくい。いつまでたっても加齢臭が出ない人もいます。

さらにいうと、10代のにおいといわれているにおいもありますし、赤ちゃん臭といわれているにおいもあります。その年齢に応じた身体の代謝変化によって、どうしてもにおいは変わってくるものです。

ヒトは臭いか？

このように、生き物にはにおいがあります。生きとし生けるものには、においがある。それは人間の体調、生き物の状態によっても変わります。

例えば、インフルエンザになった家族の部屋は、いつもとちょっと違うにおいがすると感じたことがあると思います。それは当たり前で、身体がウイルスに対抗して、いつもと違う代謝が動いているから、当然、違ったにおいが出るのです。においが体調のバロメーターになるというのは、確かだと思います。

中世のヨーロッパでペストが流行したとき、ペストはリンゴのにおいに例えられ、このにおいそのものがペストの原因と考えられたため、においを排除するということが始まりました。においを排除する衛生志向は、ペストの流行から始まったといわれています。

我々人間は雑食で、いろいろな物を食べますから、たくさんにおいを出しています。我々同士では全然におわないですが、ほかの生物にとっては、ものすごく臭い動物だと思います。だから犬は、人間の足跡を追えるわけです。

ブドウを栽培しているときにも、人はプンプンとにおいを発しています。植物を育てるのがうまい人と、下手な人がいる。これは本当に、僕の独断ですが、育てるのがうまい人というのはやはり、いいにおいを発しているんじゃないかなと。ちょっと非サイエンティフィックですが（笑）。

心身ともに健康であれば、我々もいいにおいを出すし、それによって周りの空気も非常に影響される。それはブドウだけではなくて、いろいろな形で影響するのではないかというふうに思います。においというのは、お互いのコミュニケーションなのです。

においは、危険を知る、身を守る、あるいは食べ物を見つける、仲間と敵を嗅ぎ分けるといった、生き物にとって重要な役割をしています。さらに人間は、そういった動物の本能的な部分だけではなく、においによって、おいしさを感じて、あるいは季節や心地よさを感じて、ワインや食べ物でとても幸せになるという、ある意味、ぜいたくな嗅覚の使い方を始めているというふうに思います。

（おわり）

もっと知りたい、
においの話
Q&A

においに関する素朴な疑問を
東原先生に伺いました。

Q1 例えば、ワインにグレープフルーツの香りを感じたとき、そこにはグレープフルーツと同じにおい物質があるということなのでしょうか？

A 化学構造が異なっている別々の物質でも、同じにおいを呈することがあります。ですので、同じグレープフルーツの香りがしたとしても、それらは必ずしも同じにおい物質とは限りません。

Q2 鼻に入ってきたにおい物質は、最終的にどうなるのでしょうか？

A 鼻に入ってきたにおい物質は、嗅上皮の粘膜に溶け込んで、嗅神経細胞にある受容体を活性化して、においの感覚を引き起こします。その後は、呼吸による空気の流れと共に洗い流されてしまうか、分解されてしまうかによって、粘膜からなくなります。

Q3 少しの量でもにおいを感じやすいにおい物質と、たくさんあってもにおいを感じにくいにおい物質の違いは、何ですか?

A 少しの量でも感じやすいにおい物質は、そのにおいに対する嗅覚受容体（センサータンパク質）の感度が高いのです。反対に、多くの量があっても感じにくいにおい物質は、そのにおいに対するセンサーの感度が低いのです。硫黄系（含硫物質）や窒素系（含窒物質）は、人間は感度が高い傾向があります。

Q4 空腹のほうが、においに敏感になりますか?

A 空腹のときは、お腹が空いているときに出るホルモンによって、においを感じる嗅神経細胞が敏感になりますし、食べたいという欲望によって脳も感じやすくなります。

Q5 においを嗅ぎ続けると分からなくなるのは、なぜですか? また、再び分かるようにするには、何をしたらよいですか?

A においを嗅ぎ続けると、においを感じる嗅神経細胞が順応してしまい、信号が脳へ伝わらなくなります。そういうときは、クンクンと鼻の中に新鮮な空気を通すとよいです。また、自分の腕のにおいを嗅ぐと、鼻がリセットして、ほかのにおいを感じやすくなります。

Q6 地上と飛行機の中では、同じワインや料理でも、違った印象を受けますか?

A 飛行機の中の気圧は低いので、におい物質が揮発しにくくなります。ワインや料理には、数百種類ものにおい物質が存在しますが、気圧が異なると、飛んでくるにおいの種類も異なり、違ったにおいに感じます。また、飛行機の中は湿度も地上に比べて低いので、においの感じ方も変化します。

Q7 食べ物と飲み物の相性とは、嗅覚の科学的にみると、どのようなことなのでしょうか？

A 食べ物からの良い香りと飲み物からの良い香りが、相乗効果を生むときには、相性が良いといえます。

Q8 においと味だけで、食品の危険性をはかることは可能なのでしょうか？

A 腐った食べ物から出るにおい物質はある程度分かっていますので、食べ物が腐っているかどうかは、においで分かります。味に関しても、食べ物が腐ると微生物の作用で酸っぱくなります。ただ自然界には、においも味もしない危険な物質も存在するので、においと味だけで必ずしも危険性をはかることはできません。

Q9 食べた物で体臭は変わりますか？

A 食べ物に含まれる物質は、身体の中で代謝され、それが尿や汗などを介して排泄されますので、食べた物で体臭は変化します。例えば、アスパラガスを食べたあとの尿のにおいが変わる人もいます。

Q10 トイレの消臭剤では、どんな現象が起きているのでしょうか？

A 消臭剤にはいろいろな種類があります。におい物質を活性炭などに吸着させる方法、光や金属による触媒作用などを利用してにおい物質を分解する方法、強いにおいをかぶせてしまってにおいをマスキングする方法などがあります。

Q11 人の相性は第一印象で、なんとなく合う、合わないが分かることがあると思うのですが、それは人が発するにおいと関係あるのでしょうか?

A

体臭の相性というのはあります。それは遺伝的に備わった好みと、今まで育ってきた生活の中での経験によって作られる好き嫌いとで決まります。しかし普通、最初に会ったときは、体臭は、シャンプーや洗濯の香りや食べ物のにおいによるものが優勢なので、第一印象で合う、合わないが分かることは少ないと思います。

Q12 色のイメージとにおいは、どのような関係にあるのでしょうか? また、その感覚は、ほかの人と共有できるのでしょうか?

A

例えば、バナナの香りは黄色、イチゴの香りは赤など、食べ物のにおいとその色は、視覚と嗅覚の連携記憶で結び付きます。そのように、誰でも経験で知っていることは、ほかの人と共有できます。

Q13 1つのにおいから、日本人がイメージする味わいと海外の人がイメージする味わいは同じでしょうか?

A

においに対するイメージは、そのにおいを持つ物と結び付けて思い浮かべますので、食生活における文化が違うと、違った物をイメージします。例えば、普段食べないあんこを海外の人がイメージすることはないでしょう。

第二章　においの正体とは？

ワインの香りはどこから来る?

講 師

佐々木 佳津子

ささき・かづこ

フランス国家認定醸造士。兵庫県神戸市の財団法人神戸みのりの公社「神戸ワイナリー」の醸造担当を経て、2012年秋に北海道函館市でワイナリー「農楽蔵（のらくら）」を設立。神戸ワイナリーでは、「Bénédiction（ベネディクシオン）」シリーズ、「MINORI（みのり）」シリーズなど、これまでにないタイプのワインを企画した。農楽蔵では、「Nora（ノラ）」シリーズ、「Norapon（ノラポン）」シリーズなどを発売。

http://www.nora-kura.jp

ワインの中の香りはどこで作られるか？

ワインをテイスティングする際、テイスターはグラスの中にたくさんの種類の香りを感じることができます。そこには、柑橘系やベリー系、フローラル、心地よい香り、不快なにおいなど、さまざまな香りがあります。

ワインを造ることを仕事とする醸造家は、グラスの中のこれらの香りが、どこからやってくるのか、あるいは、どうしてそうした香りがするのかを、分析するところからスタートし、ワインと向き合います。ワイン中に存在する無数の香りは、さまざまなにおい物質からなり、これらの物質が作られるプロセスには、いろいろな要素が考えられるのです。

ワインの香りが生まれる過程

①ブドウの果実そのものの香り

第一に挙げられる香りは、ワインの原料となるブドウ自体が、本来持っているにおい物質です。どういった物質が、ワイン中にどれだけ含まれているのかは、ブドウの品種によって異なるだけでなく、ブドウの木のクローンナンバーの違いや、土壌、気候、栽培方法などの要因、さらには醸造方法によっても、大きく変化する可能性があります。

この後でも詳しく説明しますが、マスカット系の品種には、バラの香りを持つリナロールやゲラニオールという物質が多く含まれており、この品種で造られたワインも、ブドウと同じく、この香りがします。ところが、シャルドネやカベルネソーヴィニヨンには、この香りは、ほとんど含まれていないのです。

②発酵前の生化学的現象

ここでいう「生化学的現象」とは、酸素や酵素などが関わる現象です。ブドウを収穫した後、微生物が関与する発酵がスタートするまでには、タイムラグが少なからずあり、実はその間にも、ブドウ果汁中では、いろいろな現象が起きています。

ブドウの搾汁時やマセレーション(一)中などに、さまざまな物質が果皮や果肉、種子から果汁中に溶け出すことになり、当然、香りの元となる物質も大いに溶け出して、その物質が酸素に触れたり、または酵素が関与したりすることなどによって、香りとして現れてくるのです。

(一) マセレーション：ブドウの果汁に果皮や種を漬け込むこと。

③発酵中の微生物による生成

ブドウ果汁は、酵母菌によるアルコール発酵や、乳酸菌によるマロラクティック発酵を経て、ワインとなります。果汁からワインへと変化する間に、酵母菌や乳酸菌をメインに、さまざまな微生物が関与することで、生成されるにおい物質があります。

④発酵後の化学反応や酵素による生成

ワインとなり、瓶詰めされるまでの工程においても、香りが生まれています。タンク内、樽内、詰められたボトル内での熟成期間、さらには瓶詰め後、飲み手の手元に届くまでの間にも、実はさまざまな化学反応が、ワインの中で起きているのです。わずか７５０ｍℓ、７２０ｍℓの瓶の中でさえ、香りは生まれ、変化を続けています。

このように、ワインの香りが生まれてくる過程は、大きく四つに分けることができます。ただし、におい物質は、一部を除き、醸造方法によって①～④のすべての段階で現れてくるので、どの段階で、何の香りが生まれるというようには、分けられるものではありません。また、一つのワインが、その香りを持つに至る過程には、品種、クローン、収穫年、土地、

図18 ワインの香りは、生まれ続けている。

ワインの醸造工程

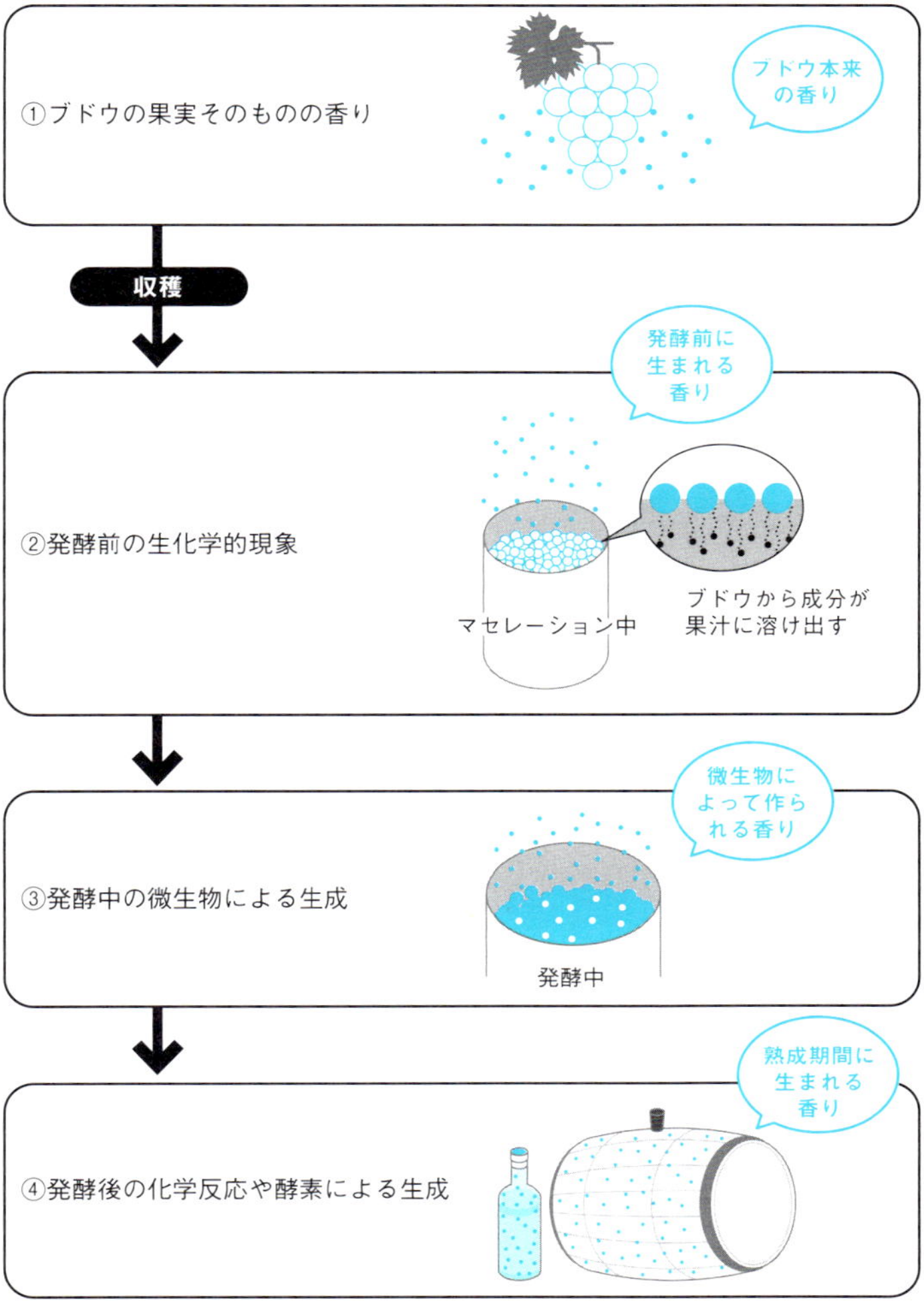

栽培方法、仕込み方法、発酵、発酵後の処理の仕方など、いくつもの要因があると考えられます。さらに、人為的あるいは自然のアクシデントによって、現れてしまう香りもあります。そして、ほとんどの香りについては、どうやって生まれてくるのか、いまだ科学的に解明されていないというのも事実です。

ワインの香りについての研究の歴史は、ワインが造られてきた歴史の長さに比べるとずいぶん浅く、１８００年代後期に、ブドウから香る物質についての仮説から始まり、１９５０年前後、マスカットの香りの推測や物質の特定などが行われ、80年代になって、においの前駆体がにおい物質に変わるメカニズムなどが、徐々に解明されてきました。

そして90年代に新たな物質が発見、解明されるなど、日進月歩の研究がなされています。しかし、実際に特定されているにおい物質の数は、限られた一部であるのに対し、ワインに含まれているにおい物質は、５００種類とも、６００種類とも(二)、それよりはるかに上回るともいわれています。つまり結局は、それらを総体的に感知、判断できる人間の嗅覚が最も優れているということになるのです。

(二)"Oenologie fondements scientifiques et technologiques" FLANZY Claude, Tec & Doc Lavoisier によれば、ワインのにおい物質は約５００～６００種類。

香るブドウ、香らないブドウ

ブドウは一般的に、ブドウの状態で香る品種と、ブドウの状態では香らない品種の大きく二つに分けられます。フランスの醸造学では、ブドウの状態で大量のにおい物質が含まれ、果汁の段階ですでにワインになったときの香りが感じとれる品種を**アロマティック品種**、それに対して、果汁からワインへ変化する工程で香りが現れてくる品種を**ノンアロマティック品種**と呼んでいます。アロマはフランス語で芳香、香りという意味です。

例えば、スーパーの売り場で、香りが強く感じられるブドウがありますよね？　とても主張が強い。簡単にいえば、それがアロマティック品種です。そして、その搾った果汁の香りが、ワインになっても、そのまま香っています。

アロマティック品種の例としては、マスカット[三]、ゲヴェルツトラミネール、ケルナーなどがあります。この分け方の定義に沿って考えると、日本人になじみあるナイアガラも、アロマティック品種に含まれます。

これに対し、ノンアロマティック品種は、ブドウ自体は、それほど香りがなく、果汁とし

(三) マスカットプチグラン、マスカットアレキサンドリア、マスカットオットネルなどが含まれる。

ても際立った特徴はないのですが、前述の②～④の工程によって、香りが現れてくる、潜在的な力を持った品種といえます。

ノンアロマティック品種の例としては、メルロ、ピノノワール、シャルドネ、ソーヴィニヨンブランなどがあります。ソーヴィニヨンブランのワインは、極めて香り豊かですが、ブドウの状態では、香りはあまり強くないのです。

しかし、これらのブドウは、ひとたび醸造によってワインに変化すると、メルロには、スミレや小さなベリーの実、動物の革の香りが、ピノノワールには、サクランボやカシスの香り、動物系の香りが現れてくる。そしてシャルドネには、ノワゼット（ヘーゼルナッツ）やローリエ（月桂樹）、バター、ハチミツ。ソーヴィニヨンブランは、カシスの芽や、グレープフルーツ、木を削ったような香りが感じられます。実は、これらノンアロマティック品種のブドウの中には、その香りの元となる**前駆体**といわれる物質がたくさん詰まっています。それが、ワインになったときに香りとして現れてくるのです。

ワインには、具体的にどのようなにおい物質があるのか？　また、それがブドウのどこに前駆体として眠っていて、どうして香るようになるのか？　いくつかの例を紹介したいと思います。

図19 グラスからは、たくさんのにおい物質が立ち上っている。

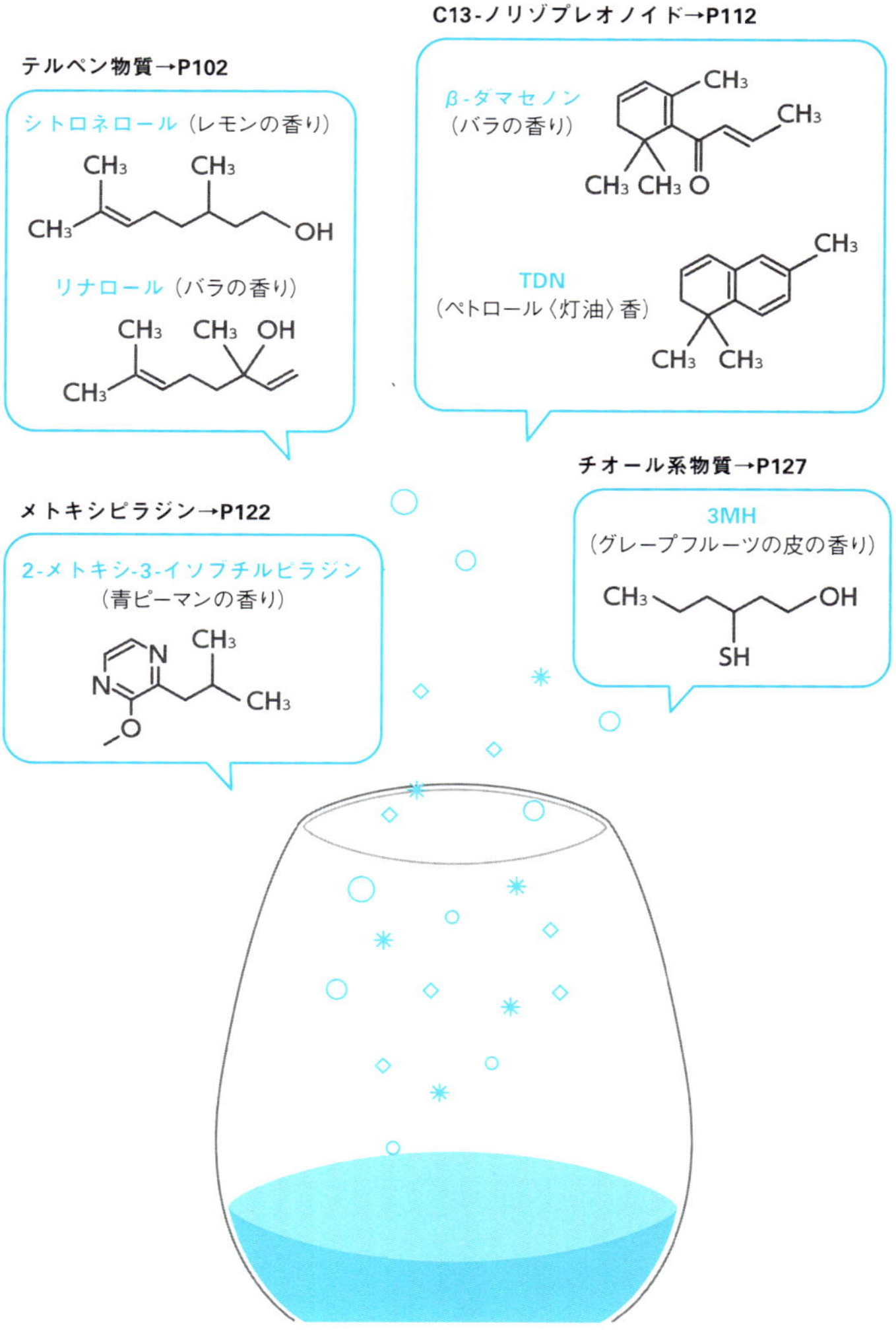

バラ、レモン、スズランの香りの由来

ブドウの果実そのものの香りである、におい物質の代表的なものに、**テルペン物質**というものがあります。感じられる香りの代表的なものは、バラ、レモン、スズラン、ローリエなどがあり、中でもバラの香りはマスカット種の特徴的なもので、ブドウからも、ワインに変化した後も、感じ取ることができます。

テルペン物質は、ワインに含まれるにおい物質の中でも、古くから仮説や定義をされていて、早いもので、１８８５年にウドノー（Oedonneau）がワイン中のテルペン物質の存在を仮説。次いで、１９４６年にアスターヴァイル（Austerweil）がミュスカの香りをテルペン物質であると定義したとされています。そして１９５６年、コルドニエ（Cordonnier）により、ようやくマスカットのブドウの中に、リナロールやα-テルピネオール、ゲラニオールの存在が確認され、その後、研究が盛んに行われています。

糖から出来るテルペン物質

テルペン物質はブドウだけではなく、ほかの果物や花にも含まれているのですが、どのように出来るかというと、これは光合成によって作られたグルコース、つまり糖分を材料にして生成されます。グルコースを筆頭に、光合成によりブドウの中に生成、蓄積される物質は、収穫されるまでの間、さまざまな物質に変化します。

テルペン物質の主なものとして、**モノテルペン（C10）**と**セスキテルペン（C15）**があります。この2種類が、テルペン物質の中でも、香りが強く、心地よい香りと認識されているようです。また、この「C」というのは、炭素（カーボン）のことです。炭素を10個持っているものがモノテルペン、15個持っているものがセスキテルペンです。ブドウ中のグルコース生成経路において生じる、炭素を5個持つ分子がベースとなっており、この分子がモノテルペンは2つ、セスキテルペンは3つ組み合わさって変化したものだと考えられています。

自然界の中に約4000種類のテルペン物質が存在している中で、そのうちの約400種類がモノテルペン、約1000種類がセスキテルペンとなっています。そして、ワインの世界では、主にモノテルペンが研究されてきています。今回紹介する代表的なテルペン物質は、すべてモノテルペンです。

表20は、代表的なテルペン物質と、ワイン1リットル中に含まれるそれらの量の違いを、品種ごとに比較したものです。このように、品種によって含まれている種類も濃度も異なります。表の「閾値《いきち》」とは、人が感知できる最低濃度のことで、ある濃度のサンプルをテストした際に、テイスターの50パーセントが何かしらの香りを判断できる濃度と、一般的に（テイスティングにおける統計学において）定義されています。

マスカットアレキサンドリアのバラの香りは、**リナロール**と**ゲラニオール**によるものです。表20の下表で、この二つの物質の含有量と閾値濃度を比べてみると、リナロールの含有量は、閾値濃度の約9倍、ゲラニオールの含有量は、閾値濃度の約4倍弱となります。すると、この品種のバラの香りは、リナロールによるものが強いと推測されます。

一方、ゲヴェルツトラミネールも、バラの香りがとても顕著な品種ですが、リナロールはわずかしかなく、ゲラニオールを多く含んでいます。つまり、ゲヴェルツトラミネールのバラの香りは、主にゲラニオールによるバラの香りです。そのため、マスカットアレキサンドリアと比べると、バラの香りのニュアンスがちょっと異なると考えられます。

表20 代表的なテルペン物質

物質名	香り
Linalol（リナロール）	バラ
α-terpineol（α-テルピネオール）	スズラン
Citronellol（シトロネロール）	レモン
Nerol（ネロール）	バラ
Geraniol（ゲラニオール）	バラ
Ho-torienol（Ho-トリエノール）	ローリエ

含有量が閾値濃度の約9倍なので、マスカットアレキサンドリアはリナロールがよく香っていることが分かる。

■ 品種による
モノテルペン濃度の違い

単位：μg/ℓ

物質名	リナロール Linalol	α-テルピネオール α-terpineol	シトロネロール Citronellol	ネロール Nerol	ゲラニオール Geraniol	Ho-トリエノール Ho-torienol
品種名　閾値	50	400	18	400	130	110
マスカットアレキサンドリア	455	78	nd	94	506	nd
ゲヴェルツトラミネール	6	3	12	43	218	nd
アルバリーニョ	80	37	nd	97	58	127
リースリング	40	25	4	23	35	25
ミュスカデル	50	12	3	4	16	nd
ソーヴィニヨンブラン	17	9	2	5	5	nd

ワイン1ℓあたりの含有量。「nd」＝not detected. 0に近いという意味。

1μg（マイクログラム）＝0.001mg

出典："Traité d'oenologie Tome1, Tome2" Pascal Ribéreau-Gayon, Yves Glories, Alain Maujean, Denis Dubourdieu, DUNOD より筆者作成

香りはブドウのどこに存在するか？

このようなにおい物質は、それ自身がとても軽いため、ブドウの中では、自分たちが飛んでいかないように、何らかの物質につかまっていることが多いのですが、そのつかまっていることを「結合」といいます。結合していれば、その物質は飛んでいかない、つまり揮発せずに、ブドウの中に安定している状態にあります。

テルペン物質の場合、結合する相手は糖分です。テルペン物質はとても軽く、一つだけの結合では不安定なため、大体、みんな二つの糖分を持っています。この糖分は主にグルコース、アラビノース、ラムノース、アピオーズからなり、最も多いのが、アピオーズとグルコースを持っているタイプ。それから、アラビノースとグルコースを持っているタイプです。

そういった安定した状態で、ブドウの中に存在しています。これを、**結合型テルペン物質**といいます。

この結合型というのは、空気中を飛んでいけないので、私たちの鼻に到達することもなく、香りません。反対に、糖分を持たずに軽い状態でいる、フリーのテルペン物質を、**非結合型テルペン物質**といい、こちらは空気中を飛んでくるので、香ります。

これらの結合型、非結合型テルペン物質が、ブドウの粒のどこにあるかというと、主に果皮の内側と果肉部分です。もちろん、品種やにおい物質によって違いはありますが、一般的に、香りは果汁の部分に比べ、ブドウの皮の内側の部分に一番、溜まりやすいとされています。中でも**ネロール**やゲラニオールの非結合型は、ほとんどが果皮の内側部分にいます。一方、結合型テルペン物質は、果皮にももちろんありますが、糖分との結合により、糖分が蓄積される果肉部分に多くとどまるとされています。

品種による結合型・非結合型の量の違い

そして結合型テルペンと非結合型テルペンの含有量は、品種によって異なります。マスカットアレキサンドリア、マスカットハンブルグ、マスカットオットネルといった、マスカット系品種は、ストレートに「マスカットの香り」がするブドウです。置いてあるだけで、離れていても香りが伝わってくる、これらのブドウは、やはり非結合型のモノテルペンがすごく多く含まれているのです。

図21のように、マスカットアレキサンドリアには、非結合型のテルペンの量が、果汁1リッ

トルあたり1513マイクログラム含まれていますが、シャルドネでは41マイクログラム。2桁も違うのです。結合型テルペンも、ほかの品種と比べると桁違いに多いのが分かります。

ゲヴェルツトラミネールは、マスカット系品種に比べ、非結合型テルペンがやや少ないですが、結合型テルペンを多く持っているので、実際にワインにしたときには、これらが非結合型に変化して、とても華やかな香りがします。

シラー、シャルドネ、カベルネソーヴィニヨンは、ノンアロマティック品種なので、もともとのフリーな状態の非結合型テルペンはあまり持っていません。

ちなみに、アロマティック品種とノンアロマティック品種の違いは、主に非結合型のテルペン物質の香りが、その品種の特徴を表しているかどうかが、決め手になっていると思います。また結合型、非結合型テルペンの合計量も、判断指標の一つになっていると思います。

このように、品種によって、結合型、非結合型のテルペンの含有量は違うのですが、これはクローンによっても変わります。同じシャルドネでも、マスカット系の香りを含む少し変わったシャルドネも存在するので、その場合、数値は変わってきます。

図21 品種別による結合型、非結合型テルペン量

アロマティック品種

単位：$\mu g/\ell$

品種名	非結合型テルペン量	結合型テルペン量
マスカットアレキサンドリア	1,513	4,040
マスカットハンブルグ	594	1,047
マスカットオットネル	1,679	2,873
ゲヴェルツトラミネール	282	4,325

これらのアロマティック品種はテルペンの含有量が桁違いに多い

ノンアロマティック品種

単位：$\mu g/\ell$

品種名	非結合型テルペン量	結合型テルペン量
リースリング	73	262
ソーヴィニヨンブラン	5	107
セミヨン	17	91
シラー	13	65
シャルドネ	41	12
カベルネソーヴィニヨン	0	13

発酵前の果汁1ℓあたりの含有量。

出典：“Recherches sur la fraction liee de nature glycosidique de l'arôme du raisin: Importance des terpénylglycosides, action des glycosidases” Yusuf Ziya Günata, Thèse Docteur-Ingénieur, Université Sience et Technique du Languedoc, Monpellier より筆者作成

香りを解き放つには？

結合型テルペンを非結合型テルペンにするには、どうしたらよいか？

彼らは糖分とがっちり結合しているので、それを放してやらなくてはなりません。醸造家が介入して放してやることもできるのですが、彼らが自分で持っているカード、つまり、ある物質を使って、仕込み時や発酵時に、この結合を切ることができます。それが、ブドウ中に含まれる**β-グルコシダーゼ**という酵素です。

ただし、このβ-グルコシダーゼというのは、なかなかやっかいで、力を発揮できる環境が必要です。最適なpHは5・0くらいなのですが、ブドウ果汁のpHは、通常、2台後半〜3台後半と低いので、β-グルコシダーゼが問題なく働くことはなかなか難しい。

また、酵素は適切なpHに加えて、適切な温度でないと、あまり速く働くことができません。余談ですが、これは酵素入りの洗濯洗剤でも同じで、あまり冷たい水で洗濯すると酵素の働きが鈍く、汚れがよく落ちないことがあります。

そのため、温度を上げたいところなのですが、ブドウは生果なので、ブドウ中のあらゆる成分をできるだけフレッシュな状態で維持するために、仕込み作業の際、私たちはできるだけ温度を上げずに、低温で処理したい（目的は異なりますが、果汁温度を人為的に多少上昇させる醸造方法もあります）。

そこが醸造家を悩ませるところで、β-グルコシダーゼをたくさん働かせ、できるだけ多くの香りを手に入れたい、しかし後々、ワインを安定させるためには、果汁のpHをできるだけ上げずに維持したい。さらに液温を上げることもできない。ある程度時間をかければ、ゆっくりでも酵素は働いてくれるのですが、その間にも果汁は酸化し、状態によっては劣化が起こる可能性もあり、さらに、この間にフリーになった香りは減少してしまうかもしれない。

私たち醸造家は、そういったジレンマを抱えながら、どこに重きを置くかを考え、常に試行錯誤をしているのです。また、アルコール発酵を行う酵母菌もこのβ-グルコシダーゼを持ち合わせていますが、適切なpHと温度はブドウ中のβ-グルコシダーゼと同じなので、こちらも気の長い反応です。

近年では、ワイン醸造用のβ-グルコシダーゼも市販されています。使用する、しないは、目的とするワインを念頭に置いての醸造家の判断ですが、限られた短い時間で、より多くの香り成分を果汁中、もしくはワイン中に取り出したいと考えるときには、醸造時にこういった酵素を使用することも一つの選択です。

カロテノイド由来のC13-ノリゾプレオノイド

次に**C13-ノリゾプレオノイド**という、舌を噛みそうな名前の物質があるのですが、これもまた、におい物質の中では、大きなカテゴリーの一つになります。

南国フルーツやリンゴのコンポート、バラ、スミレのような香り、熟成を経たリースリングのワインに現れるペトロール（灯油）香などは、このC13-ノリゾプレオノイド物質によるものです。こちらは当初、タバコの研究から見つかったもので、先ほどのテルペン物質と同じように、ブドウだけにみられるのではなく、さまざまな植物の中に存在しています。

また、このC13-ノリゾプレオノイド物質は、**メガスチグモン型**と**ノンメガスチグモン型**の二つのグループに分けられます（**図22**）。

色素から香りが生まれる？

この物質は、果皮などに存在する**カロテノイド（C40）**に由来します。

カロテノイドは、炭素を40個持つ、長い鎖のような構造をしています。テルペン物質に属

図22 代表的なC13-ノリゾプレオノイド物質

メガスチグモン型

物質名	香り
β - ダマセノン	花（バラ）、南国フルーツ、リンゴのコンポート
β - イオノン	スミレ

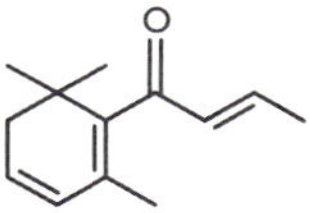

β-ダマセノン

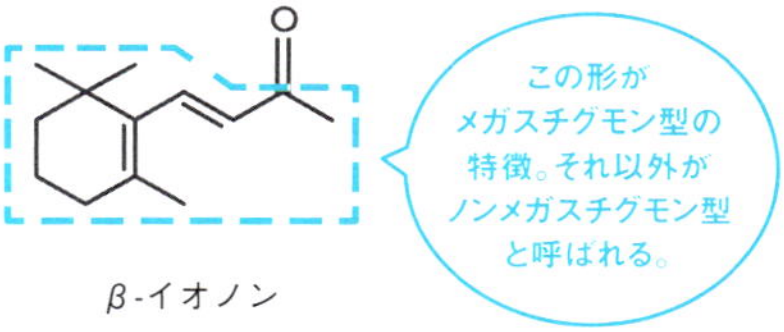
この形が
メガスチグモン型の
特徴。それ以外が
ノンメガスチグモン型
と呼ばれる。

β-イオノン

ノンメガスチグモン型

物質名	香り
TDN	ペトロール香
ヴィティスピラン	カンフル、消毒薬
アクチニドール	カンフル、消毒薬

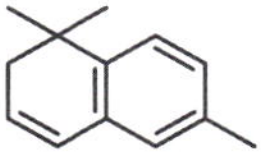

TDN

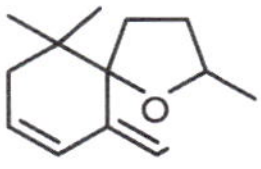

ヴィティスピラン

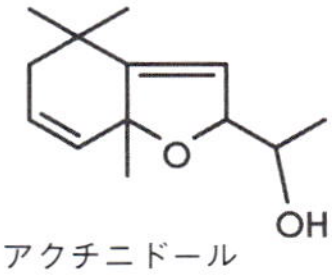

アクチニドール

しますが、大きく重いため、香りもまったくなく、水に溶けにくい。一般的には、天然に存在する色素として認識されています（ちなみに、ワイン中のにおい物質は、多いものでも炭素が20個未満ほどの大きさです）。

ブドウの粒の中では、主に果皮に存在し、ブドウが破砕された後、ようやく酸化酵素によって一部が切断され、炭素を13個持ち、特徴的な香りを放つC13-ノリゾプレオノイド物質となります。カロテノイドの長い線を、ある箇所で切っただけなのですが、それが香りの元になります（**図23**）。

C13-ノリゾプレオノイド物質は、カロテノイドから分裂した後、そのままではあまり香らないのですが、酸化や還元作用などによって、β-ダマセノンなどの、より香るにおい物質に変化します。そして、その瞬間に不安定になるので、グルコースと結合する場合もあります。言い換えれば、自分が飛んでいかないように、グルコースとタッグを組むのです。

図23 カロテノイドからC13-ノリゾプレオノイドができる。

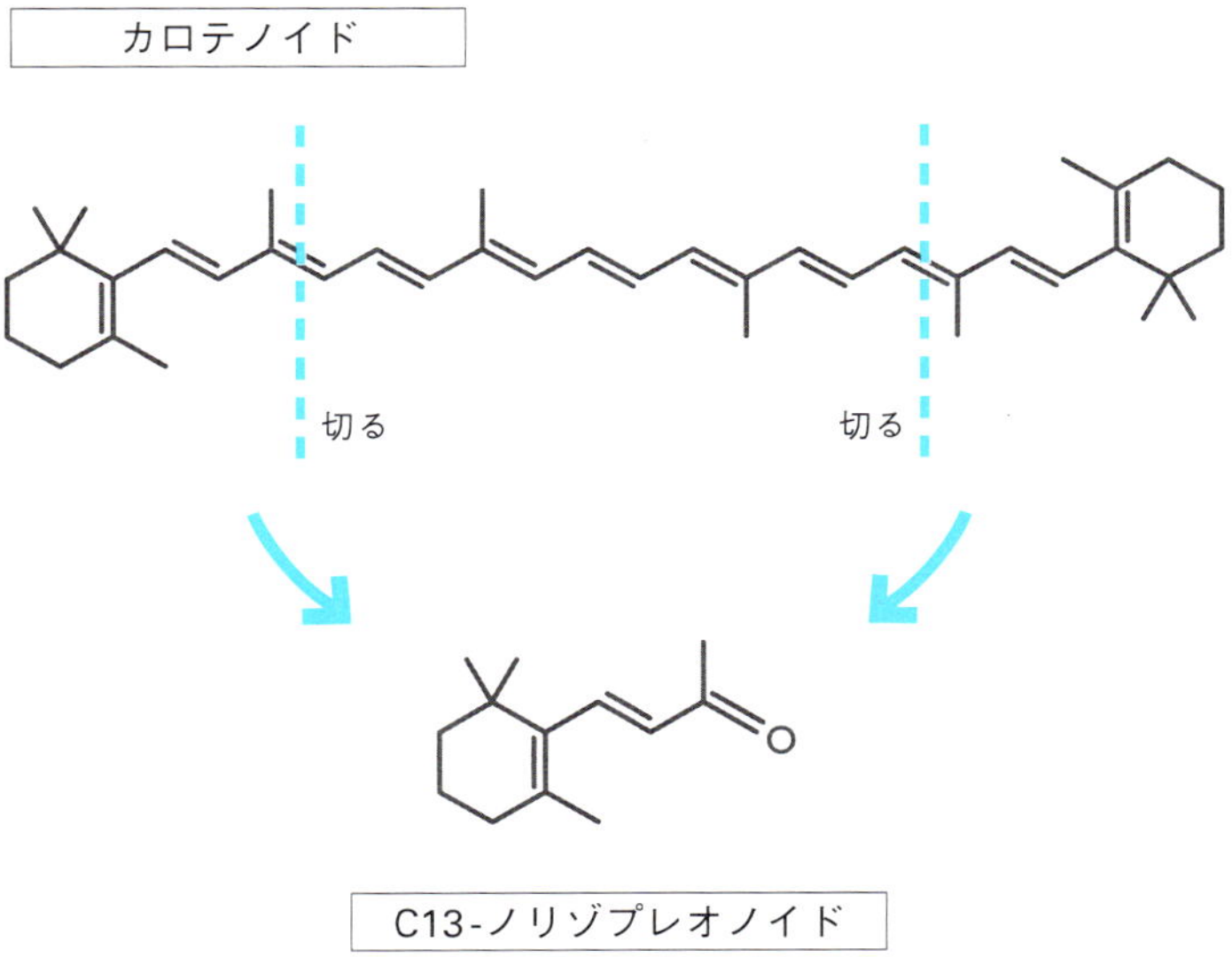

ブドウ中のカロテノイドから切断されたC13-ノリゾプレオノイド物質が、β-ダマセノンやTDNなどに変化するまでには時間を要するので、ブドウ自体ではその香りを感じることはなく、ワインになってから現れることが多い。

バラの香り

C13-ノリゾプレオノイド物質のうち、**メガスチグモン型**には、代表的なにおい物質が二つあります。それが**β-ダマセノンとβ-イオノン**です。

β-ダマセノンはとても上品な香りで、バラなどの花、パッションフルーツなどの南国フルーツ、またリンゴのコンポートのような香りを持っています。なぜ、β-ダマセノンという一つの成分で、このようないろいろな香りがするか疑問に感じるかもしれませんが、実は香りの印象は、その濃度によって変わるのです。

ある濃度ではパッションフルーツの香りを感じるにおい物質が、それより少し増えると、リンゴのコンポートのような香りに変わる。これは例えば、とても爽やかな香りの人が1人いるのと、100人いるのとでは違うというようなものです。1人なら爽やかだった香りが、100人になるとちょっと強く感じる。これと同じことが、香りの世界でも起きています。

もう一つのβ-イオノンは、スミレのような香りです。

実はこのβ-ダマセノンとβ-イオノンは、70年代ごろから盛んに研究され、80年代後半〜90年代前半にかけて、「おそらくすべてのブドウ品種に存在する」と結論付けられました。また、品種による含有量の違いはあまりないとされています。

醸造方法の違いによって香りも異なる

表24は、白ワイン（辛口）、赤ワイン、マスカット系のヴァンドゥナチュレルにおけるβ-ダマセノンとβ-イオノンの含有量の平均を比較したものです。ヴァンドゥナチュレルとは、発酵中のワインにブランデーを加えて発酵を止め、果汁の甘さを残して造る甘口ワインです。

表の赤ワインと白ワインにある「最大差」というのは、ワインのサンプルを分析した際に得られた結果の、最大値と最小値の幅を表しています。

白ワインが「辛口」となっているのは、β-ダマセノンとβ-イオノンは、主に発酵中に生成され、香りとなって現れるため、発酵が最後まで進んで辛口となった時点で、ワイン中におけるこれら二種の含有量が最も変動しにくいと考えられるためだと思われます。発酵を途中で止めて、ワインに甘味を残した甘口ワインの場合、二種の生成においてすべての工程が終了したとみなすには無理があり、測定に誤差が生じやすいというところかもしれません。

表を見ると、β-ダマセノンは、白ワインでは1リットルあたり平均709ナノグラムであるのに対して、赤ワインでは平均2160ナノグラムと、約3倍の量が含まれています。

赤ワインの場合、果皮や種、パルプなどを果汁に漬け込みながら発酵させる、かもし発酵という方法をとるので、この期間に、さまざまな物質が液中に溶け出し、香りに関しても多くの物質が複雑に絡み合ってきます。

β-ダマセノンのアルコール溶液中の閾値濃度は、40~60ナノグラムと低濃度ですが（つまり少ない量でもよく香る）、ワインには、多くの種類の香りが存在しているので、この香りを単独で見つけることは、実際はなかなか難しいのです。

β-イオノンも、白ワインでは1リットルあたり平均13ナノグラムですが、赤ワインでは381ナノグラムとかなり多く、これもまた、赤ワインと白ワインの醸造方法の違いが大きいと考えられます。β-イオノンのアルコール溶液中における閾値濃度は約800ナノグラムとβ-ダマセノンよりはるかに高いことから、白ワインには、このβ-イオノンのスミレの香りは、ほぼあり得ないと考えていいと思います。

そして特徴的なのは、ヴァンドゥナチュレルです。マスカット種で造られたこのタイプの甘口ワインには、β-ダマセノンが、1万1900ナノグラムと、非常に多く含まれています。このワインは赤ワインのような、かもし発酵は行われないので、ブドウ中の成分を溶出

表24 β-ダマセノンとβ-イオノンのワイン中での濃度の違い

単位：ng/ℓ

物質名	β-ダマセノン	β-イオノン
閾値（水）	3〜4	120
閾値（アルコール溶液）	40〜60	800
白ワイン（辛口）の平均値	709 （最大差89〜1,505）	13 （最大差0〜59）
赤ワインの平均値	2,160 （最大差5〜6,460）	381 （最大差0〜2,415）
ヴァンドゥナチュレル（マスカット）の平均値	11,900	72

ワイン1ℓあたりの含有量。
1ng=0.001μg

出典：Chatonnet P., Dubourdieu D., 1997, Traveaux non publiés. より筆者作成

できる時間は限られています。ですから、もともとのブドウ品種に前駆体が多く含まれているか、前駆体が溶け出しやすい構造を持っているのではないかと推測されます。

つまり、マスカット種は例外的にβ-ダマセノンを生成しやすい可能性があり、おそらくそれがワイン中に残っている糖分と結合し、安定しやすいのではないかと考えられるのです。したがって、含有量が非常に多いものの、β-ダマセノンは香りを発しない結合体でいると推測され、そのため実際のワインは、それほど特徴的な香りが突出して感じられないのではないかと思われます。

瓶熟成によって現れる香り

C13-ノリゾプレオノイド物質の**ノンメガスチグモン型**は、実は、ブドウにも、若いワインにも存在していません。造られたばかりのワインには、まったくない香りです。ワインが熟成することによって、初めて造られるにおい物質なのです。

中でも代表的なものが、**TDN**と呼ばれる物質です。リースリングで造られたワインにみられるペトロール香というもので、分かりやすくいうと「心地よい灯油のような香り」です。

これはワインを瓶詰め後、瓶内で熟成している間に現れてきます。熟成した古いリースリングのボトルを開けると、ペトロール香が感じられるのは、まさにその瓶の中で熟成中に作られたＴＤＮが関与しているためです。もし、若いリースリングにペトロール香を感じた場合、保存方法に若干の問題があったか、もしくは、そのワイン中に一部熟成させた貯蔵のリースリングがブレンドされている可能性があると推測できるかもしれません。

ただし、どんなワインでも現れてくるというわけではなくて、やはり、原料となったブドウの中にＴＤＮの前駆体がどれだけ存在しているかによって、香りは変わってきます。一説によると、あるメガスチグモン型の物質が、熟成中にノンメガスチグモン型へ変化するといわれています。

また熟成したワインで、時々消毒液のような、樟脳を思わせるような香りに出会うことがありますが、それは、同じノンメガスチグモン型の**ヴィティスピラン**と**アクチニドール**という物質が関与しています。これらもまた、若いワインには含まれていないにおい物質で、瓶内熟成によって、ピークに上り詰める直前、またはピークをすでに超えてしまった場合に、出てくるものと判断されています。

ワインを開けたときに、強く樟脳の香りがするときは、出てしまったことに若干後悔を覚えるものです。「思い入れの強かったワインに限って…」ということになります。
しかし、いつになっても、ワインのピークを見極めることは本当に難しい。

アミノ酸由来のメトキシピラジン

次は、おそらく皆さんがよく見かける名前だと思うのですが、**メトキシピラジン**という物質です。香りの印象としてよく耳にするのが、「青臭い」、「青ピーマン」。ときには「アスパラガス」ともいわれます。

もともとは、やはり野菜などから発見された物質で、ワインの世界では、1975年にバイヨノーヴ（Bayonove）らによって、カベルネソーヴィニヨンに存在することが確認され、その後、多くの研究が進むことによって、カベルネソーヴィニヨン以外に、カベルネフラン、メルロ、ピノノワール、ゲヴェルツトラミネール、シャルドネ、リースリングなどからも、このメトキシピラジンが確認されています。

テルペン物質は糖分から、C13-ノリゾプレオノイドはカロテノイドから生成される物質でしたが、メトキシピラジンはアミノ酸に由来する物質です。

このメトキシピラジンが、これまで例に挙げたにおい物質と大きく違うのは、ブドウがヴェレゾン期(四)に到達すると同時に、含有量がピークに達するという点です。テルペン物質が、ヴェレゾン期を過ぎて、ブドウが熟していくにつれて蓄積されていくのに対して、メトキシピラジンは、熟期が近付くにつれて減少していくのです。

そのため、収穫時のブドウが十分に熟している場合、メトキシピラジンの香りが感じられないワインになることもありますし、熟す前に収穫した場合や、熟し切らなかった場合には、この香りがするワインが出来上がることになります。

(四) ヴェレゾン期：ブドウの熟成開始期。黒ブドウでは、色付き始める時期。

メトキシピラジンにも種類がある

このメトキシピラジンがどこに存在しているかというと、収穫時のカベルネソーヴィニヨンでは、ブドウの房を全体として約53パーセントが果梗《かこう》（ブドウの房の軸の部分）に含まれています。ブドウの粒でみていくと、含有量の70パーセント近くが果皮の内側にあり、種には約30パーセント含まれ、果肉に存在する量はほんの1パーセントと少ない。ブドウが熟していくにつれて、果皮の内側に蓄積されたメトキシピラジンはどんどん減少していきます。

ブドウを仕込む際に除梗（梗を取り除く作業）を行うかどうかは、このような背景のもと、品種やその年の状況によって、造り手が判断しているのです。造り手によっては、細かい部分までシビアに、手作業で行う場合もあります。

また、メトキシピラジンには複数の種類があり、同じメトキシピラジンでも、種類によって閾値もさまざまです。**表25**の一番下の欄にある2-メトキシ-3-エチルピラジンだけが、閾値が400ナノグラムと、ほかと比べて桁が違うのですが、1リットルあたり400ナノグラム含まれていれば、ようやく香ってくる。しかし、その上の3つの物質は、1ナノグラムや2ナノグラムで感知されてしまいます。

しかし、閾値には個人差もあり、体調やそのときの環境に嗅覚が左右されることも考えられます。また、ワインにはさまざまな香りが複雑に混ざり合っているので、単純に含有量の数値だけでは語れない部分もあります。

表25 代表的なメトキシピラジン系物質の香りの種類と閾値

単位：ng/ℓ

物質名	香り	閾値（水）
2-methoxy-3-isobutylpyrazine（2-メトキシ-3-イソブチルピラジン）	青ピーマン	2
2-methoxy-3-isopropylpyrazine（2-メトキシ-3-イソプロピルピラジン）	青ピーマン、土	2
2-methoxy-3-secbutylpyrazine（2-メトキシ-3-セク-ブチルピラジン）	青ピーマン	1
2-methoxy-3-ethylpyrazine（2-メトキシ-3-エチルピラジン）	青ピーマン、土	400

香りやすさにこんなに差がある

出典："Traité d'oenologie Tome1, Tome2" Pascal Ribéreau-Gayon, Yves Glories, Alain Maujean, Denis Dubourdieu, DUNOD より筆者作成

メトキシピラジンはオフフレーバーか？

メトキシピラジンのピーマンの香りというのは、ひと昔前は欠点とされていました。しかし、さまざまな香りの中に、ほんの少しだけ青さが存在すると、ワイン中に爽やかさやスパイシーさを演出する心地よい香りになる場合もあると考えられます。そのため、私たちは、あえてメトキシピラジンが程よく残る時期を狙って収穫することを、選択肢の一つとして考えていいのではないかと思っています。

実際、醸造家の目線では、フランスでもメトキシピラジンをオフフレーバー（欠陥臭）として扱わない考え方へと変化してきています。

例えば、とても暑い年だった2003年のフランスでは、ブドウが良く熟した（もしくは熟し過ぎた）ために、ブドウ中のメトキシピラジン含有量が、例年より減少、またはゼロに近い状態となったことによって、その年のワインは、凝縮感にあふれ、肉厚で力強いけれど、爽やかさに乏しいワインというイメージを持たれています。しかし、その年の異常気象や、ブドウの状況を読んでいた生産者は、通常より少し早めに収穫を行い、爽やかな青い香りをあえて残したワインに仕上げています。私自身は、そちらの考え方に大いに賛成です。

富永敬俊博士の研究で知られるチオール系物質

そして、もう一つ、外してはならない代表的なにおい物質が、**チオール系物質**です。ワインの発酵中に、酵素の働きによって作られる物質です。２００８年に急逝されましたが、ボルドー第二大学の富永敬俊博士が研究されていた、**3-メルカプトヘキサノール（3MH）**などは、代表的なチオール系物質の一つです。

チオール系物質は、一般的にメルカプタンと呼ばれる含硫化合物の仲間で、以前、この香りは、還元臭であると考えられていました。私たちもよく耳にする、この還元臭とは、身近なところでは、腐った卵や腐った水のにおい、タマネギの香り、硫黄系の温泉のにおいとして認識されています。

しかし、80～90年代に果物の香りの研究が盛んに行われ、カシスやグレープフルーツ、パッションフルーツ、グアバなどから、いくつものチオール系物質が発見されてきました。以来、チオール系物質のワインフレーバーにおける名誉は回復し、さらに研究が進められています。

そして90年代、ソーヴィニヨン系品種の特徴的な香りを持つチオール系物質が、数多く発見され、世の中に知られるようになり、90年代後半、ボルドー第二大学に所属していた富永博士の研究は、日本のワイン醸造業界に大きな変化をもたらしました。

富永博士がいらっしゃらなければ、日本でこれほどまでに、チオール系の香りは有名にならなかったのではないかと思います。また博士はメルシャンと、甲州ブドウに含まれているチオール系物質の香りの研究をされ、それにより、甲州ワインの持つ香りの可能性がとても広がりました。

甲州ブドウに含まれるであろうチオール系物質、その前駆体の含有量が、ブドウの熟期のどのタイミングでピークに達するか？　栽培において使用されるボルドー液がチオール前駆体物質に与える影響や、使用する酵母による影響など、現在でも研究は進められています。

その結果、多くの造り手が、甲州ブドウだけでなく、ほかの品種も含め、栽培や醸造を、再度見直すきっかけとなりました。

ソーヴィニヨンブランの香り

ソーヴィニヨンブランの特徴的な香りは、青い香り、ツゲ、ユーカリ、カシスの芽、ルバーブ、トマトの葉、イラクサ、グレープフルーツ。それからパッションフルーツ、モモ、グロゼイユ（赤スグリ）。少しネガティブなものでは、ゆでたアスパラガス。ブドウの出来がとても良いときには、瓶熟成の後に、燻製の香りや焼いた肉、トリュフの香り。

このような香りの元となる、さまざまなチオール系物質が、ソーヴィニヨンブランのワイン1リットルあたりどれくらい含まれているのかを一覧にしたものが**表26**です。

富永博士の研究によって一躍有名になった3MHは、パッションフルーツ、グレープフルーツの皮の香りとされ、ソーヴィニヨンブランにおける含有量は、ワイン1リットルあたり1500～3500ナノグラムと、かなり幅があります。これは、栽培されている地域やその年の気候、もしくは醸造方法による違いです。こんなにも差が生じるのですね。

また、物質によって閾値は大きく異なります。中でも、ツゲやエニシダの香りがする**4MMP**は、アルコール溶液1リットルあたりわずか0・8ナノグラム含まれているだけで、認識することができます。これは、例えば50メートルプールに、たった2、3滴落としただけで、私たちは感知できるということです。そして、その4MMPの分子に含まれるケトン基（=O）が、水酸基（=OH）に変わっただけの**4MMPOH**は、4MMPの閾値の約68倍となる、1リットルあたり55ナノグラムの濃度で、感知できます。

ソーヴィニヨンブランのワイン1リットルあたりの含有量は、4MMPが0～120ナノ

表26 ソーヴィニヨンブランで感知されるチオール系物質

単位：ng/ℓ

物質名	香り	閾値（アルコール溶液）	含有量
4MMP（4-mercapto-4-methylpentan-2-one）	ツゲ、エニシダ	0.8	0〜120
4MMPOH（4-mercapto-4-methylpentan-2-ol）	柑橘系の皮	55	15〜150
3MMB（3-mercapto-3-methyle-butan-1-ol）	煮たネギ	1,500	20〜150
A3MH（Acetate-3-mercaptohexyle）	ツゲ、パッションフルーツ	4	0〜500
3MH（3-mercaptohexan-1-ol）	パッションフルーツ、グレープフルーツの皮	60	150〜3,500
Benzenemethanethiol（ベンゼンメタンチオール）	火打ち石、燻製	0.3	5〜20

ソーヴィニヨンブランのワイン1ℓあたりの含有量。

出典："Development of a Method for Analyzing the Volatile Thiols Involved in the Characteristic Aroma of Wines Made from Vitis vinifera L. Cv. Sauvignon Blanc" Takatoshi Tominaga , Marie-Laure Murat , and Denis Dubourdieu, Journal of Agricultural and food chemistry Volume46 P1044, ACS Publications より筆者作成

グラム、４ＭＭＰＯＨが15～１５０ナノグラムで、閾値より多く存在している場合は、感知しやすい。煮たネギの香りを持つ**３ＭＭＢ**のアルコール溶液中の閾値は１リットルあたり１５００ナノグラムと高く、ワイン中には20～１５０ナノグラムと少ないため、ワイン中に存在してもほとんど感知することはありません。

チオール系物質は、いろいろな品種に含まれている

そして、このチオール系物質は、ソーヴィニヨンブランだけではなく、ほかの品種にも含まれていることが分かっています。品種別の含有量を比較したものが**表27**です。

含有量に幅があるのは、前述のソーヴィニヨンブランと同様、栽培地域や気候の違いに加えて、このチオール系物質は、酸素にとても弱いことが分かっており、醸造方法による影響も大きいためです。

含有量を見ると、どの品種も、３ＭＭＢと３ＭＨがとても多いのが分かります。３ＭＭＢは、どれも閾値１５００を下回っているので、香る可能性は低いですが、３ＭＨは、どれも閾値60を大幅に上回っているので、これらの品種は、パッションフルーツやグレープフルーツの

表27 品種別チオール物質の含有量

単位：ng/ℓ

品種名／物質名	4MMP	4MMPOH	3MMB	A3MH	3MH
ゲヴェルツトラミネール	0.7〜15	0〜14	137〜1,322	0〜6	40〜3,300
リースリング	0〜9	0〜3	26〜190	0〜15	123〜1,234
マスカット	9〜73	0〜45	19〜236	0〜1	100〜1,800
ピノグリ	0〜3	0〜0.5	21〜170	0〜51	312〜1,042
ピノブラン	0〜1	0	2〜83	0	88〜248
シルヴァーナ	0〜0.5	0	1〜99	0	59〜554
コロンバール	0	0	0	20〜60	400〜1,000
プチマンサン	0	0	40〜140	0〜100	800〜4,500
セミヨン	0	0	100〜500	0	1,000〜6,000

ワイン1ℓあたりの含有量。

出典："Identification of Cysteinylated Aroma Precursors of Certain Volatile Thiols in Passion Fruit Juice" Takatoshi Tominaga and Denis Dubourdieu, Journal of Agricultural and food chemistry Volume48 P2874, ACS Publications より筆者作成。

皮の香りを持ち合わせているということになります。

また品種によって、含んでいる物質と、含んでいない物質とがあって、ピノブランとシルヴァーナについては、これらのにおい物質に関して、似ていることが分かります。

チオール系物質はどこに眠っているか？

これらチオール系物質の4MMP、4MMPOH、3MHは、システイン（アミノ酸）と結合した状態で、前駆体の形をとり、ブドウの中に安定して存在しています。

1998年、この形をほかの果実より先に、ブドウの中に発見したのも、富永博士です。この数年後に、パッションフルーツにも3MHの前駆体が存在することが、富永博士とデュブルデュー教授により確認されています。さらに2002年には、この3MH前駆体の、さらに前駆体(五)が確認されています。

これらのチオール系物質の前駆体は、主に果皮と果肉に存在しているのですが、物質によって分布が異なります。3MHはブドウに含まれているおよそ半分の量が果皮にあり、種

（五）3MH（3-mercaptohexan-1-ol）の前駆体が、S-3-(hexan-1-ol)-L-cysteine、さらに前駆体が、S-3-(hexan-1-ol)-glutathion。

にもほんのわずか存在しているのが特徴です。４ＭＭＰＯＨや４ＭＭＰは、主に果肉に多く含まれ、果皮には約25パーセントで、種には存在しません。これらの前駆体物質は、仕込み時にスキンコンタクト（六）を行うことによって、より多くの量が果汁中に抽出されます。もちろん、まだ前駆体の状態なので、このままでは香りを感じることはできません。

（六）スキンコンタクト：破砕したブドウの果皮と果汁を一緒にして、少し時間を置いて成分を抽出させる工程。

チオール系物質を香らせる酵素

このチオール前駆体から、システインを切り離して香るようにするには、**β-リアーゼ**という酵素がハサミの役割をします（**図28**）。しかし、β-リアーゼはブドウの中にはなく、酵母菌が持ち合わせているので、酵母によるアルコール発酵の際に酵素が働いて、香りが現れてくるのです。

果汁を発酵させる際、どんな酵母（市販されている物や自然酵母）を使うかが、ワインになったときの香りの現れ方に影響することが分かっています。実際、日本では、β-リアーゼの能力を多く持つ「ＶＬ３」という酵母が、とても流行った時期がありました。

図28 3MHができるまで

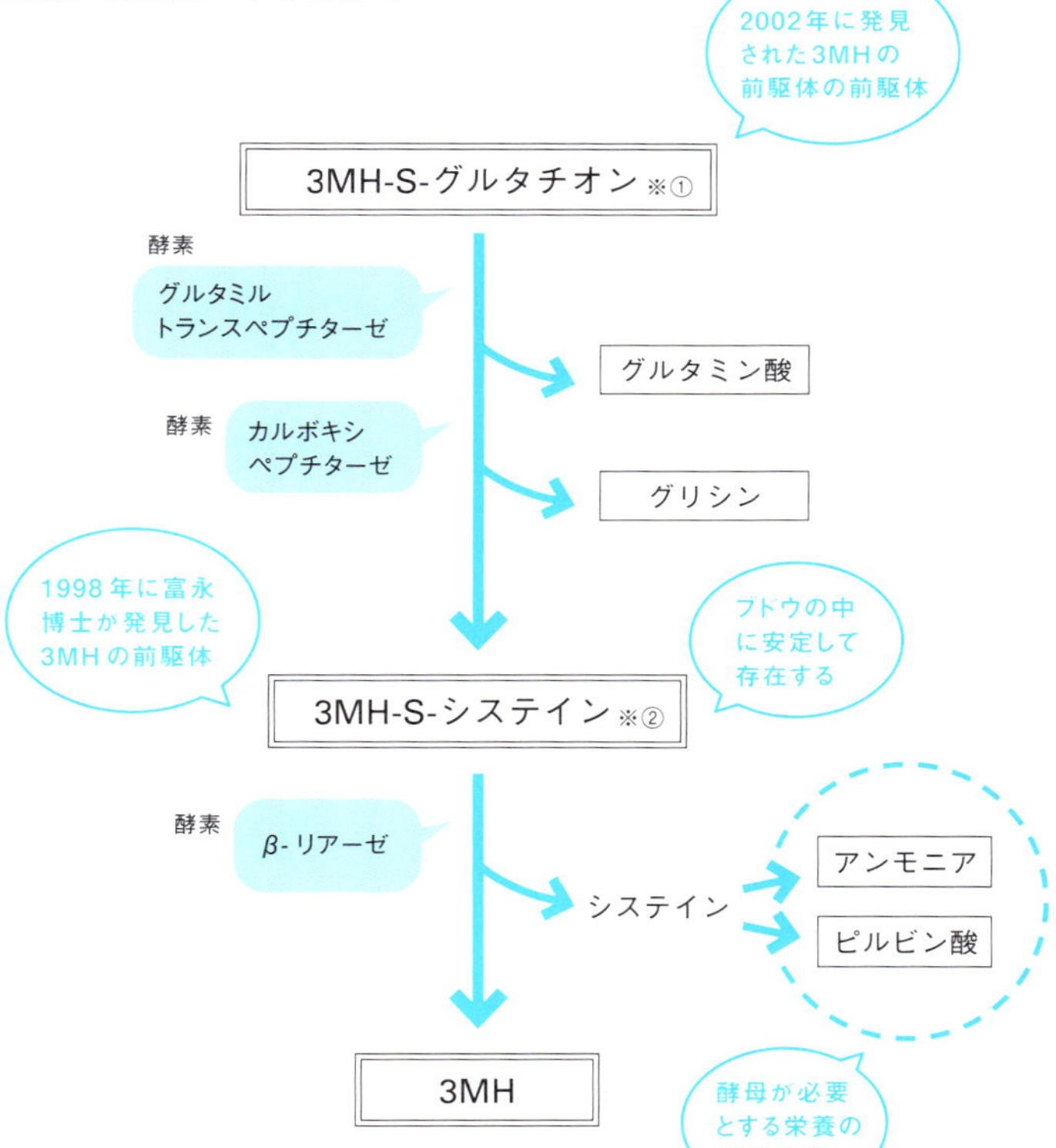

※① S-3-(hexan-1-ol)-glutathion
※② S-3-(hexan-1-ol)-L-cysteine

酵母による働き

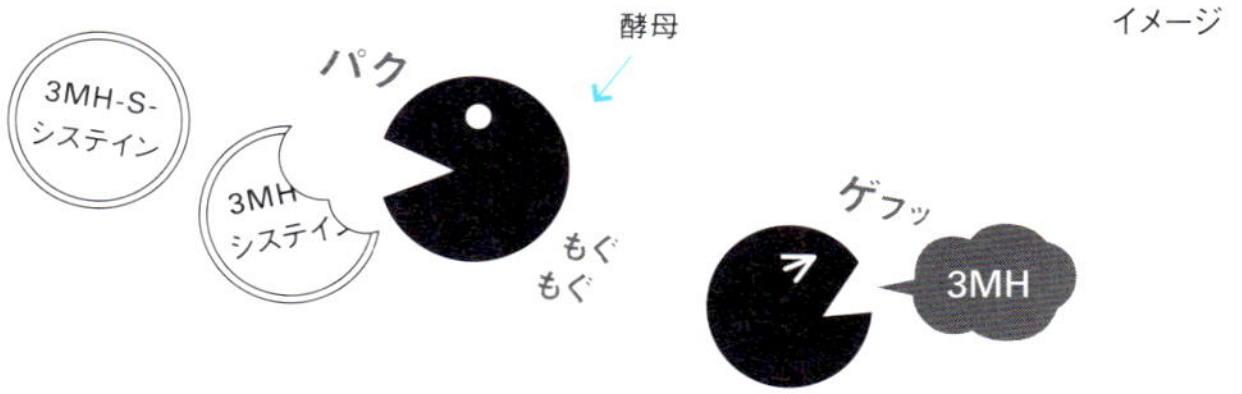

酵母だけに頼ることを良しとはしませんが、収穫されたブドウの状態、品種、仕込み方法(スキンコンタクトをするかしないか、プレスの方法)、果汁の処理方法、工程などすべてを考慮した上での選択が望ましいのではないかと思います。

(鹿取みゆき注/VL3という酵母を使うと、3MHが発現しやすいということで、いっとき、山梨の多くのワイナリーがこぞってVL3で発酵させていました。2012年現在は、揺り戻しが来ているかなという感はあります。ちなみに、勝沼醸造の甲州ワイン「アルガブランカ イセハラ」にもソーヴィニヨンブランのような香りを感じるのですが、メルシャンのワインとは少し異なる印象です)

まだまだあるワインの香り

紹介したこれらのにおい物質は、ワインの香りのほんの一部です。ワインには500種類、600種類、あるいはそれを超えるにおい物質があるとされていますが、例えば先ほどの3MHは、そのうちの一つです。ほかにもたくさんあります。

今回触れていないワインの香りに、スパイスやナッツ系の香りがあります。

これらは、もちろん品種によるものもありますが、醸造に使用する樽の影響であることも多く、樽の仕様、年輪の幅や乾燥期間、特に内側の焼き加減による差は大きいと考えられます。近年では、例えばココアの香りよりコーヒーを強く、バニラに白コショウを……という具合に、生産者の希望にできるだけ近付ける形で、カスタマイズできる樽製造会社もあり、以前は樽材（ミズナラ）の産地（森の名前）と、焼き加減の選択だけだったのに比べて、メーカーからの提案も変化しつつあります。

また、醸造方法がワインの香りを大きく左右する例として、イチゴの香りがあります。イチゴの香りは、品種自体が持ち合わせている場合と、マセラシオンカルボニック(七)という醸造方法によって生まれる場合の二つのパターンが考えられます。バナナの香りもマセラシオンカルボニック由来とされることがあります。

また、微生物由来の香りでは、乳製品のクリームやヨーグルト、バターなどの香りを生み出すマロラクティック発酵を行う乳酸菌によるものが代表的です。しかし、ここで意図しない乳酸菌が働くと、ゼラニウムの香りやネズミ臭と呼ばれるにおいが現れることがあります。

（七）マセラシオンカルボニック：除梗・破砕を行わず、ブドウそのままを、二酸化炭素を充満させたタンクの中である一定期間置くこと。軽やかでフルーティな赤ワインを造るときの醸造法の一種で、フランスのボージョレー地方の赤ワインにこの手法で造ったワインが多い。

ほかには、酢酸菌によるビネガー臭もあります。

また、オフフレーバーとされる、白ワインに現れるカーネーションの香りや薬屋のにおい、赤ワインに現れるインクや馬小屋を思わせるフェノレ臭は、意図しない酵母菌、特に赤ワインでは、ブレタノマイセスと呼ばれる酵母菌が関与しています。

酵母や物理的、外的要因によって生じる還元臭の代表的なものには、腐った卵や腐った水、ゴム、アスパラガス、ゆでたキャベツやカリフラワーなどがあります。

原料の良しあしも、もちろん香りに影響を及ぼします。カビの生えたものを使うことで、カビや土、ときに湿った土のにおいも現れます。

また、酸化の度合いによって、香りが変化するものもあります。通常の緩やかな酸化ならば、アカシアの花の香りとなるものが、急な過度の酸化によってナフタリンのにおいに、クルミやイチジクの香りとなるものが、ワックスのにおいとなって現れる場合もあるのです。

グラスは香りの終着点

ワインは、グラスに注がれたその時にしか、香りを飲み手に表現できませんが、その香りが、香るに至るまでの時間をさかのぼっていくと、意外に長い道のりを経て来たことに気付かされます。もし、そのワインが長い熟成を経てきたものなら、なおさらです。

飲み手の方には、この香りができる工程をうんちくとして活用することよりも、ワインを愛する研究者たちが、寝る間も惜しんで研究に明け暮れ、造り手たちが、真剣にブドウとワインに向き合ってきたこと、そしてブドウの中で造られた、におい物質や前駆体があり、そこに微生物が関わり、醸造、熟成を経て、さらに瓶熟成にまで耐えてきたことに、思いを馳せていただけたらと思います。

ようやく、そのワインを味わう時になって、グラスに存在するさまざまな香りを

「よくぞ残っていてくれました」

と、より慈しんでもらえたら幸いです。

科学的視点がもたらすもの

私たち造り手が向き合うブドウやワインは、言葉を持ちません。その代わり、香りや味わいで、発酵や熟成の状態で、表現してきます。彼らの変化の一つ一つを見て、訴えてきていることを受け止めることが、醸造家にとって必要不可欠だと考えます。これは対話です。

経験によって、ある程度、この対話をカバーすることはできますが、より深くまで掘り下げるには、少しの科学的アプローチを備えているのと、いないのとでは、大きく異なります。目の前のワインが私たちに伝える変化は、まさにその時に、何か原因があるのかもしれないし、さかのぼって、ブドウや土壌に由来していることなのかもしれない。そして、それが一過性の出来事なのか？　ワインとなった先々で影響を与えることなのか？　それが良い変化なのか？　悪い原因となるのか？

すべてを理解することは、ほぼ不可能ですが、少しでも彼らの発する言葉に近付いて、理解しよう、もしくは理解したい、と向き合う姿勢は、ワイン自体に大きく反映されるでしょうし、さらに彼らからも、新しいメッセージやヒントを受け取れるかもしれません。造り手とブドウやワインがお互いに、より対話を重ねることで、次のステップへ進めるような気がします。それが、ブドウ栽培やワイン造りの本質であり、造り手のフィロソフィであり、それぞれのワインの個性であり、ワイン造りのあらゆる可能性を、さらに広げてゆくのではないでしょうか。

今は海外での経験は珍しくもない時代になりましたが、いまだ知識や経験の面で、日本のワイン業界は、海外と大きな差があると思われるし、それを自分がフランスで目の当たりにしてきたのも事実です。海外の栽培や醸造に関する本が、ほとんど国内で訳されておらず、情報が乏しいのは、残念でなりません。今後、少しでもこういった事象を紹介できる場をいただけるとするならば、飲み手だけでなく、これからの若い世代の造り手への足掛かりとして、少しでも役に立てたらと思っています。

（おわり）

もっと知りたい、
ワインの科学
Q&A

ワインに関する素朴な疑問を
佐々木先生に伺いました。

Q1 小さいころから嗅覚や味覚を鍛えるトレーニングをすると、においや味の判断が敏感になることはありますか?

A 影響はあると思います。トレーニングまでは必要ないかもしれませんが、小さいころの経験は、記憶に蓄積されている可能性が大きいと考えられます。だしの文化が強い関西地方で育った人と、味付けの濃い東北地方で育った人の味覚は明らかに異なりますし、また、幼少期にピーマンやキュウリが嫌いだった人は、メトキシピラジンの青い香りを嗅いだときに、ピーマンがすぐに頭をよぎるかもしれません。また、母の日のカーネーションの香りや、嫌いだった薬箱のにおい、イチゴ狩りやユズ湯、温泉卵。ワインの香りの表現は、日常にあふれているにおいが基本になっているので、少しだけにおいを意識した生活をするだけで、身の回りの物が自然なサンプルになります。今からでも、幼少期の記憶を呼び起こしてみるというのもよいかもしれません。

Q2 テイスティングのトレーニングをするのは、どんな時間帯がよいのでしょうか？ そのほか、注意点を教えてください。

A 一般的には、「空気が澄んでいて、少し空腹感を感じる、お昼前の10時ごろからが良い」といわれています。午後に差し掛かると、嗅覚などが鈍くなる可能性があるため、あまり好ましくないようです。

また体調によっても、嗅覚や味覚は変化してしまうので、できるだけ万全の体調でトレーニングされることをおすすめします。それから、トレーニング前には味の濃い食事は避け、タバコやコーヒーなどは少なくとも1時間前から控えるほうがよさそうです。香水や衣類などの芳香剤も控えたほうがよいと思います。

Q3 家庭で簡単にできる、嗅覚や味覚を鍛えるトレーニング法はありますか？

A 香りに関しては、市販されているトレーニング用のキットもありますが、むしろ、実物の香りを試すことをおすすめします。香りと実物のイメージを一致させているほうが、ある香りを嗅いだときに、瞬時に実物が思い浮かぶはずです。日本特有のもの（柑橘類や山菜、花など）も、積極的に活用するのをおすすめします。また、最近では国内で購入できるものもずいぶん増えているので、例えば、ガーデニングでハーブやベリー系の植物などを育ててみるのもよいかもしれません。またトレーニングは1人ではなく、数人で意見を交換しながら行うとよいでしょう。

味に関しては、五味「塩味、甘味、酸味、苦味（渋味）、うま味」に気を付けることが必要です。味の濃いものや、刺激の強いものは、味覚に影響を与える恐れも十分に考えられますので、日常的に食べるのではなく、時にはリセットすることもおすすめします。

味覚は個人差があるので、数人で濃度の異なる塩化ナトリウムやショ糖など（塩や砂糖でも代用可）の水溶液を試すのもよいでしょう。自分がどの味に敏感か、鈍感か、好みの濃度はどれくらいかなどを知ることで、楽しくトレーニングできます。

Q4 白ワインやスパークリングワインに感じる、プラスチックのような、金物のような後味は、何からくるのでしょうか？　極上のものには感じません。

A

白ワインやスパークリングワインは、赤ワインに比べて、果皮に含まれるタンニンなどの成分がワイン中に少ないため、ワインの構成要素がダイレクトに味に反映されることが多いのです。

このプラスチックや金属のような後味は、おそらく、それ自体の味ではなく、いくつかの要素が重なって感じる味だと思われます。関与していると考えられるものは、酵母（シュール・リー※されているかどうか）、酸、ミネラル、亜硫酸塩、ブドウ品種などが挙げられます。

極上のもの＝「ブドウ自体が持つ力が優れていたものや、十分な熟成がなされていて、ワイン自体のバランスが品質の良い状態で保たれているもの」と考えると、そうでないものが、この後味に関係しているかもしれません。つまり、不良年の原料ブドウ（バランスが悪い）、シュール・リーが十分に行われていない、熟成がなされていない、瓶内で発酵・熟成をしていないスパークリング（ガス充填のものなど）、ワイン自体の酸が低い（バランスを崩しやすい可能性がある）、過度な亜硫酸塩が含まれている……などが考えられます。またミネラルはワイン中に含んでいて欲しい成分の一つですが、ワインのバランスが悪いと、ミネラルの味わいが突出してしまう恐れもあります。

こういった後味を感じた場合、ワインだけでなく、料理と一緒に楽しまれてはいかがでしょうか。

※シュール・リー：発酵終了後もワインと澱（おり）を接触させることによって、澱に含まれる酵母からアミノ酸などのうま味成分をワインに抽出する手法。

Q5 ワイン造りにおいて、ブドウはほかの果実に比べてどこが優れているのでしょうか? ハスカップ100%で作るワイン(果実酒)は、ブドウで作るワインと違いがあるのでしょうか?

A

まずブドウがほかの果実と比べて、大きく異なる点が一つ、それは酒石酸です。果実の酸味の要素である酸は、いくつかあり、果実によって主要な酸が異なります。ブドウは酒石酸、リンゴはリンゴ酸、レモンなどの柑橘類はクエン酸、ハスカップに含まれている酸は、クエン酸やリンゴ酸が主であるようです。

ブドウは「アルコール発酵」と「マロラクティック発酵」を経てワインになります。果実に含まれる糖分が、酵母菌によって炭酸ガスとアルコールに変化する働きが「アルコール発酵」、「マロラクティック発酵」は、乳酸菌がリンゴ酸を元として炭酸ガスと乳酸に資化する働きです。

実はこれ以外に、ある乳酸菌はクエン酸を分解する能力があります。すると、ブドウ以外の果実は、主要な酸を微生物によって分解されてしまう危険が生じます。酸が分解されると、液体のpHは上昇し、健全な状態を保てなくなり、腐敗などのリスクが高まります。酸は液体を保存する上で、とても有効に働く一要素なのです。

さて、ハスカップはどうなのかと考えると、この果実は、とても酸味が強い。ということは、酸がとても高い=pHが低い=微生物が働きにくいので、アルコール発酵を行う酵母菌自体が働けない可能性も、視野に入れなくてはなりません。微生物はとてもデリケートなので、自分たちの好みのpHがそれぞれ異なります。

これらを踏まえ、ブドウという果実は、微生物においても、ワインとなった後の保存面をみても、優れているといえるのではないかと思われます。

Q6 **抜栓した当日よりも2日目のほうが、味が良くなると感じる、もしくは悪くなると感じる理由は、科学的にはどのような違いなのでしょうか？　また、自然派ワインでまれにある、もしくは抜栓2日目に生じることがある「豆っぽい」香りの原因は何でしょうか？**

A 2日目のワインの味わいが良くなる場合と悪くなる場合は、個人の嗜好によるものが大きいので、断定的には言及できません。しかし「好みである」、「好みでない」などの場合の大きな理由は、いくつか考えられます。

良くなると感じる場合、考えられる理由のまず一つ目が、酸化防止剤（亜硫酸塩）による影響です。酸化防止剤によって、ワインの香りや味わいを閉じさせる力が働きます。開栓と同時に、その効果は減少していくのですが、含有量が過度になればなるほど、その力は大きくなり（亜硫酸塩そのもののにおいを感じることもあり）、それが飲み手の許容できる状態になるのに時間を要することがあります。

次に、還元臭を感じる場合です。還元臭は時間の経過により消えるものと、時間にかかわらず消えないものに分けられます。消えるものであっても、還元臭が感じられなくなるまでに、時間を要する場合が考えられます。

次に、タンニンの状態です。若いワインには、荒々しい渋味を持つタンニンが多く含まれています。これは酸素などの作用によって、口当たりの良いものに徐々に変化していきます。抜栓仕立ての赤ワインの渋味が強く感じる場合、時間とともに和らぐ可能性もあるのです。

そのほかに、アルコール（エタノール）を刺激のように感じる場合も、時間の経過とともに和らぎます。また、ワインのさまざまな香りも、時間差で現れてくるものが多いので、飲み手が心地よいと感じるのにも、時間差が生まれます。また何を心地よいと感じるかも、もちろん個人差があります。

さて、次に悪くなると感じる場合、一番の大きな原因は、ブドウ自体に力がない場合です。醸造方法（発酵方法や樽の使用方法など）によって、お化粧をされている場合は、やはり元が良くなければ崩れるのも早い、と考えると分かりやすいのではないでしょうか。例えば、骨格を支えるpHや酸、赤の場合はポリフェノールの質などが、ワインの味わいを大きく左右する要因となります。これは中身が濃いということではなく、質とバランスです。しかし「力が弱い＝品質が悪い」のではなく、それに見合った飲み方を選ぶというのもまた、飲み手の力量に委ねられ、楽しむ要素の一つとなります。

また質問にある「豆の香り」は、海外では表現されない、日本人が感じる特有の香りの一つで、「煮豆の香り」や「煮小豆の香り」と表現されることがあります。これは、ワインの不安定な要素の変化（酸化や還元による）や、ネズミ味と呼ばれる香味、タンニンの不安定な構造による急激な変化など、複数の要因があると考えられます。主に醸造過程においてすでに生成されている可能性も示唆され、意図的、もしくはアクシデントとして生じている恐れもあります。しかしこれも、そのワインの個性として、楽しんでみるのもよいかもしれません。

Q7 ボトルの空気を抜いたり、ガスを注入したりすることは、ワインの香りにどんな影響がありますか？

A

ボトルを開栓すると、中のワインはそこで初めて空気と触れ合い※、酸素が関係する反応がスタートします。この反応が始まると、長期にわたりじっとボトルの中で眠っていた香りが、次々と現れてくるのです。このにおい物質は、すぐに香るものと、時間をかけてやっと現れてくるものと、さまざまなので、ワインは開栓からの変化が見逃せません。飲みきれなかったボトルの中でも、次々と変化は生じているのですが、そのままにしておくと、私たちがその変化をみるチャンスが減ってしまうのです。

空気を抜くというのは、できるだけ酸素を除いてあげることです。ガスを注入するというのは、主に窒素ガスの注入を指します。窒素ガスは、無味無臭の不活性ガスで、瓶内の空間部分をこのガスで置換することによって、酸素から守ります（ただ、中にはこの窒素ガスのにおいに敏感な人もいるようです）。

酸素によるワインの変化を完全に止めることはできませんが、これらの方法によって変化を遅らせることで、長時間、私たちが楽しめるようになるわけです。ワインが表現するせっかくの変化を、できるだけ感じてあげたいものですが、しかし表現しきるまでに、なかなか時間を要するものもあるので、忍耐強く付き合うことも、飲み手の楽しみかもしれません。

※よく、コルクは呼吸していて、常に微量の酸素をワインに与えているといわれますが、それは誤解です。コルクを構成する細胞の一つ一つは油分を多く含んでおり、コルクに弾力や強度を与えているのですが、この油分が乾燥しない限り、密閉状態となります。ですので、ボトルを横にすることは、適度な水分をコルクに与えて、この細胞を維持するという働きもあります。

第三章　おいしさとは何か？

おいしさは数式で表せるか？

講師　**伏木 亨**

ふしき・とおる

京都大学大学院農学研究科食品生物科学専攻教授。おいしさ、うま味などの味わいやそれらを感知するメカニズムを研究。『コクと旨味の秘密』（新潮社）、『おいしさを科学する』（筑摩書房）など著書多数。日本香辛料研究会会長、日本栄養·食糧学会理事。平成20年度 第13回 安藤百福賞受賞。

http://www.nutrchem.kais.kyoto-u.ac.jp

おいしさとは何か？

私たちが「これはうまい」とか、「これはまずい」とか言っているのは、一体どのような根拠によるものなのか？「おいしい」というのは、一体どういうことなのか？　あるいは「おいしさ」とは何なのか？　ということについて、お話ししたいと思います。

私がおいしさの研究を始めたのは、今からちょうど20年くらい前でした。そのころは、「おいしさ学」というのはもちろんありません。ですから、私がおいしさというものに対して興味を抱いて、これを研究したいと言いだしたときには、

「そんなテーマでは、答えが出るかどうか分からないし、科学かどうかも分からない。そんなことは、やめたほうがいいんじゃないですか？」

というふうに、周りの心ある人のほぼ全員が反対してくれました。

その時、研究テーマとして選ぶのに、一番大きなハードルだと思ったのは、人によっておいしさが異なるということです。

例えば、目の前に1本のワインがあるとします。

私が「これは、大変おいしい」と言っても、隣の人は「いや、私はおいしいと思わない」

ということがあります。つまり、そんなにあいまいなものを科学で取り扱えるのか？　ということになるわけです。

もっといえば、一体、このワインの中に「おいしさ」が存在するかということさえ危うい。言い換えれば、同じ物を食べても、私は「うまい」と言い、隣の人は「おいしくない」と言う。このハードルを越えない限り、我々はおいしさというものを、すっきりと考えられないのではないかと思ったわけです。

それで、私の一番大きな最初のハードルは「私は好きだけど、隣の人は嫌いだと言う」、この問題をどう解決するかということでした。

これは、おいしさの本質に関わることではないかと考えています。

おいしさは人の頭の中にある

それからしばらく、ずっとそのことばかり考えていたのですが、やはり最近では、「食べ物の中に、あるいはワインの中に、おいしさは存在しない」と考えるほうが正しいのではないかと思っています。食べ物の成分を分析しても、おいしさの個人差に直結するものが絞れなかったからです。

　では、おいしさというのは、どこに存在するかというと、それは食べ物を食べた、あるいはワインを飲んだ、人の頭の中に存在しているのです。おいしさというのは物質でも何でもなくて、頭の中にふわ～っと、わき上がった「バーチャルな感覚」なのです。

　そのバーチャルな感覚は、おそらく人によって違うだろうし、あるいは食べ物がかわると、また、そのおいしさもかわるだろう。そうすると、おいしさというのは、食べ物とそれを食べる人との間にだけ存在することになります。人がかわれば、おいしさはかわります。そして食べ物がかわれば、おいしさはかわるのです。

　では、どこをとらえれば、おいしさはつかまえることができるか？　という問題になります。あるものを食べて、そして頭の中でおいしいと言った人は、一体どういうものをおいしいと言ったのか？　また、それに対して隣の人がおいしくないと言ったのなら、それは何がおいしくなくて、何であればおいしいのか？

　おそらく、人の頭の中のことを考えると、食べ物のおいしさが分かってくるだろう。そうすると、少し研究が進むかなと思ったわけです。私たちの研究室の名前は、栄養化学なのですが、この課題を明らかにするには、実際は、人の頭の研究に取り組むことになりました。

ところで、なぜ、おいしさの研究が必要なのでしょうか?

QOLのために:介護食、病院食、給食、ダイエット
食育:日本の伝統の継承
食の安全保障:米の消費拡大
食と健康:低カロリー、糖分・塩分控えめ
食と経済:日本食の世界戦略
食品開発:おいしさは食品の究極の機能

右のように、おいしさは人間の生活の質を高めるためのさまざまな局面に顔を出します。おいしさがはっきりと定義できないと、これらの問題を解決することが困難になるのです。

おいしさを表す3種類の言葉

おいしさに関連する言葉には、次の3つがあります。

おいしさ（palatability）

嗜好性・好き（liking）

摂取（選択）意欲　（wanting）

これらの言葉は、多くは同じような場面で、あるいは同じような意味で使われているのですが、実はまったく違う視点から出た言葉だと思います。

ここでいう「おいしさ（palatability）」というのは、食べ物や飲み物を口にしたときに、味覚と嗅覚、あるいはもっと広い食体験など、いろいろなものを総合して判断される、その現場でのおいしさです。口の中にワインを入れて、そして感じる。その現場の感じが「おいしさ」の感じです。

「嗜好性・好き（liking）」は、食べる前や食べた後に、自分の一種の食体験を動員して、その食べ物が好きか嫌いかを判断することです。だから食べなくても、好き嫌いは言えます。でも、「おいしさ」は食べないと分からない。

「摂取（選択）意欲（wanting）」は、食べたいという意欲。これは食べる前や食べた後に感じます。「おいしさ」が何回か繰り返されて「好き」というものができて、それに基づいて「私は、これが食べたい」とか「好きだけど、今日は食べたくない」という決意が出てくる。

料理屋の人や、学校給食などに関係している人は、その場でおいしいと言ってくれるのが一番いいわけですから、「おいしさ」というのが一番問題になります。新しいワインや食べ物を売りたいという人は、「飲みたい」、「食べたい」という意欲を持ってもらわなければならないわけですから、「摂取意欲」が一番大事な問題になるわけです。

おいしさの普遍的な説明と客観的な評価

「おいしさ」を中心にして、それを繰り返せば「好き」になる。食べ物を目の前にして、「好き」という気持ちが出てくれば、「食べたい」という選択が出てくる。

そこで、まず、誰もが納得できるような**おいしさの普遍的な説明**が必要となります。これが、おいしさ研究における一つ目の目標です。

「ある人はおいしいと言っているけれども、ある人はおいしくないと言っている」

これでは説明にならないわけで、やはり、おいしさというのは、どういう要素があって、その要素によって、どのように考えられるかというメカニズムを、きっちり説明しなければなりません。その説明がうまくいけば、**おいしさの客観的な評価**が初めて可能になるのです。おいしさの説明がつかないうちは、客観的な評価は無理だと思います。有力な人、あるいは、すごく味が分かっていると評判の人が、「おいしい」、「おいしくない」と言う。それに頼らざるを得ない。この、おいしさの客観的な評価が、二つ目の目標になります。

それからさらに、客観的な評価ができれば、**おいしさの定量的な評価**、つまり数字に表したり、あるいは客観的な点数を付けたりできる。そういうことを今後の研究の目標に考えています。

ここでは、まず、おいしさの普遍的な説明は可能であるかどうかを明らかにするために、おいしさというのは何種類あって、なぜ、おいしさに対する評価は、人によってばらつきがあるのか？　あるいは、どういう人が、どういう状態のときに、どのようなおいしさを求めるのか？　ということを分類してお話ししたいと思います。

食べて1秒で分かるおいしさ

おいしさというのは、大変漠然としておりますが、面白いことに、私たちは食べ物を口に入れて、1秒くらいの間に「おいしい」と言うことができると思います。

例えば、揚げたてのとんかつ、殻付きの新鮮な生ガキ、カラフルなマカロン、みずみずしいイチゴ。これらはそれぞれ、全然違うジャンルの食べ物で、おそらく何の共通点もないと思います。何の共通点もないのに、口に入れると、多分1秒以内に、

「最高！」

「あぁ、おいしい」

「これはあまりおいしくない」

と言うことができますし、もっといえば、

「これは70点」

「これは80点」

というふうに、食べ物を口にした1秒以内に点数すら付けられる。

私たちの頭の中で、一体何が起こっているのかというのは、ここに表れていると思います。1秒ほどで点数が付けられるということは、私たちの脳は百も、二百ものことは考えていないということは明らかです。

おいしさの基本的なところというのは、1秒間でスッと、頭の中を巡ることができるような、多分三つか四つのことを考えているのだろう。その全体を自分で統合して、70点とか、80点とかいう点数を付けているに違いないのです。

この1秒くらいで分かるおいしさが、どのような構造になっているかを明らかにすると、少し、おいしさということが見えてくるのではないかと考えています。

4つのおいしさ

日本酒が好きだという人の中にも、ワインを飲んでおいしいという人もいるでしょうし、普段はまったくお酒を飲まない人の中にも、日本酒を飲んでおいしいという人もいる。このように、我々の食べ物や飲み物に対する受け止め方は、とてもフレキシブルです。フレキシブルなのに点数が付けられる。付けた点数が隣の人と合意することもあります。

おそらく脳の中では、いくつかの違う考え方があるのです。

一つは、自分が今までずっと食べてきた食体験に照らし合わせて、そして

「自分の経験からすると、これはどうだろう」

という考え方。それから、

「自分の身体にとって、すごくいいように思う」

「スッと口に入る」

という考え方もあります。さらに

「これは有名ブランドだから」

「すごく手に入りにくい物だから」

「この年の物は、すごくおいしいと聞いているから」

こうした情報に照らし合わせる考え方もあります。

そういった、いろいろなことが頭の中に入るのですが、これを1秒間ほどでまとまるくらいの要素に分類するとしたら、多分三つか四つ。そして、それを外に一回取り出してみて、もう一度、数学的に再構成してみたら、「おいしさの数式」が出来ると考えました。

そこでまず、おいしさの要素は何か？

少しの違いまで細かく考えれば、百、二百も挙げることは可能です。しかし、それを1秒間で結論が出るようにざっくり切ると、次の四つの要素が挙げられます。

①生理
②文化
③情報
④報酬

我々は、どうもこの四つくらいのことを一瞬のうちにざっと考えて、そして結論を出しているのではないかと考えられます。

生理的なおいしさ

まず一番目の**生理的なおいしさ**についてですが、これは動物でも人間でも、まったく違いはなく、共通です。

例えば、のどの渇きが激しいときには、ビールもすごくおいしいし、水もおいしい。よく「あの山の水は、すごくおいしい」と言う人がいますが、もしかしたら、それはそのとき、の

図29 おいしさの四本柱

どが渇いていただけだったのかもしれない。我々の身体というのは、今、身体自体に足りないものを非常においしく感じるように出来ています。

あるビール会社が、新製品を初めにどこで売ろうかと考えていたとき、「山の上に持って行って、のどがカラカラに渇いている人に飲ませたらどうか？　そうしたら、みんながおいしいっていうはずだ。そして下山して帰ったら、絶対に売れる」という案が出たのだそうです。それは非常にいい案だといって役員会議を通ったのですが、「それで、一体誰が持っていくの？」という話になって、結局、その話はつぶれてしまったのだそうです。

ともかく、我々人間も、マウスやラットのような実験動物も、あるいは昆虫も、もっと極端にいえば、ゾウリムシのような微生物も、生きるために身体が要求しているものがあります。ゾウリムシは糖分が必要ですし、昆虫も甘い物が必要なことが多い。

実験動物も人間も、生きていく上で、必要な栄養素は決まっています。そういうものを全部取らないと生命を維持できない。もし、そこに足りないものがあったら、必死でそれを食べる。食べるモチベーションは、それが「必要だから」です。必要なものが補給されるときに、それを動物は「おいしい」と感じます。

だから、のどが渇けば、水がおいしい。あるいは疲れていたり、運動の後だったり、徹底的にエネルギーが足りなければ、甘い物がおいしい。ある栄養素が足りなければ、その栄養素が入っているものをおいしいと感じるのです。そういうふうに、我々は生きていく上で必要なものをおいしいと思う力がある。それが「生理的なおいしさ」であろうと考えられます。

身体の状態と甘さの関係

我々の味覚には、生理的な欲求が背景にあることが色濃く感じられます。

例えば、甘い味。甘い味がするのは、その中に糖質が入っているということです。グルコースやスクロース、あるいは果糖などです。

糖というのは、食べるとすぐにエネルギーになってくれます。それから、血糖値を上げることができる。血糖値はすごく大事で、血液の糖は脳が活動するためのエネルギーとして唯一のものですから、血糖値が落ちてしまうと倒れてしまいます。血糖値を上げるために、あるいはエネルギーを補給するために、糖が必要で、それが食べ物の中にあるときに我々は甘いと感じる。つまり、砂糖があるから甘いのではなくて、エネルギーになってくれるから甘いというふうに考えることができる。

それをすり抜けたのが人工甘味料です。人工甘味料はエネルギーにならず、身体に必要なものではありませんが、かなりのところまでごまかして甘いと感じることができる。しかし、人工甘味料をマウスにずっと食べさせ続けると、マウスはいつの間にかあまり食べなくなってしまいます。あるとき、それが甘くなくなるのではないかと思います。

つまり、エネルギーにならない糖は、摂取し続けると、いつか甘くなくなる。おそらく脳が、甘い物に対して、「これを糖と呼べ」、あるいは「甘いと感じろ」というふうに判断しているわけで、エネルギーがなくなると、甘さが変化してしまうのでしょう。

それほど、我々の身体の状態というのは、味に対して強い影響を与えています。

塩味とうま味を欲しがる理由

今でこそ、精製した純粋な塩を売っていますが、海水から電気浸透法で塩化ナトリウムを精製する技術が出来るまでは、しょっぱいものといったら、海水や岩塩でした。これらには、塩だけではなくて、マグネシウムも、カルシウムも、亜鉛も、すべて適当な量で入っていたわけです。つまり、適当な塩味をとるということは、我々の身体に必要なミネラルを全部、適当な量でとれるということですから、これも極めて生理的に重要なおいしさです。

ただし、ここでいう海水は、今の海の水のことではありません。動物がまだ陸上生活を始めていなかった太古の海の水は、もっと濃度が薄かったそうですから、今の海水のように3〜4パーセントの濃度だったら、ものすごく塩辛いです。これは非生理的になる。

それから、うま味。うま味はアミノ酸、核酸の味であるということができます。核酸とアミノ酸は、動植物の組織や細胞に必ず含まれています。組織を形成するために必要な物質です。核酸とアミノ酸の味があるということは、そこに身体を作るための材料が豊富にあることを意味します。

特に、筋肉や内臓や血液など、身体の大部分を形成しているタンパク質の原料として、アミノ酸は極めて重要です。体タンパク質には、うま味の強いグルタミン酸やアスパラギン酸が大量に存在します。ですから、うま味がするということは、これを食べれば体の成分となる物質がとれるという非常に大事なシグナルになります。

苦手な人が多い酸味と苦味

これら甘味、塩味、うま味は、好ましい味を作ることが多い。反対に酸味と苦味は、好ましくない。

酸っぱい味というのは、未熟な果物や腐っているときの味です。まだ熟していない果物は酸っぱく、また、乳酸発酵や酢酸発酵などが起こると酸っぱさが出てきます。酸っぱい味がするのは、「これは食べないほうが安全ですよ」という合図です。

ただし、果物に含まれるクエン酸は、すぐにエネルギーになる酸っぱさです。ですから酸っぱさに関しては、これが大嫌いな人と、割と好きな人とで好みがパッと分かれます。特に男性は酸っぱさが嫌いで、女性は酸っぱいのが好きだというのは、いろいろな統計で出てくる傾向です。おそらく男性は、自分にとって危険であるということをずいぶん強く感じるのだろうし、女性はエネルギーになるということを感じているのではないかと思います。

苦味は、ほとんどの人が嫌います。植物にしばしばみられる毒物のアルカロイドの味であり、また、多くの薬物は苦い。それで、身体にとって「これは良くない」という代表的な味として、苦味が存在しているのです。この苦味というのは、舌から脳に伝達されるときに、甘味とは全然別の経路で、ずーっと平行して伝わっていって、交じり合わないものです。

これについて、ある面白い実験があります。

マウスのお腹の中に、ムカムカして気持ちが悪くなるような物質を無理やり注入すると、今まで食べた物が嫌いになることがあります。そこで、甘い物を食べさせてから、その物質をお腹の中に注入して、甘い物が嫌いなマウスを作るのです。

すると、なんとその甘味の神経の伝達が、ずーっとそれまで苦味の経路と交じり合うことなく、脳内を真っすぐに行っていたのが、突然、苦味の伝達経路に合流してしまいます。つまり、身体にとってキャンセルするべき味として、苦味が存在する。甘味も身体にとって良くない、あるいは中毒しそうだということが、自分で意識できると、その甘味は、どうも甘味ではなくて、別の嫌な味に変わってしまうのだそうです。

後味が苦いなど、甘いだけではない人工甘味料は多いですけれども、それはこのようなことかもしれません。いずれにせよ、我々は食べ物を選ぶときにさえ、身体の生命維持にとって大事な物がおいしい、という選び方をしているのです。

生理的おいしさでヒット

生理的なおいしさの独特なところの具体例としては、30年以上前に大塚製薬が発売した「ポカリスエット」があります。ちょうど私の研究室の4年ほど先輩が、この開発者の一人でした。それで、当時の商品化までの経緯をよく聞いていたのですが、売り出す前の最終的な段階で、いくつかの候補があったのだそうです。どれが良いかというのは、社内でも議論があったそうですが、最終的には、担当者たちが、それを氷で冷やしながらリュックサックに詰めて、山に登ったのだそうです。山のてっぺんで取り出して、もう一度、どれがおいしいかをみた。そうすると「これがおいしい」ということになって、そのうちの一つが「ポカリスエット」として売り出されたのです。

山に登ったのは、つまり、汗をいっぱいかいて、身体が脱水した状態になれば、人の身体は体液の補充を求めて、最も吸収されやすい水分を要求するだろうと考えたからです。もともとポカリスエットというのは、「汗の飲料」というコンセプトのもと誕生しています。海外出張中に食あたりを起こした同社の研究員が「こんな時、ゴクゴク飲みながら水分と栄養を一緒に補給できる飲み物があればいいのに」と考えたこと、さらに、その研究員が、手術を終えた医師が水分補給のために点滴液を飲んでいる姿を見て、点滴液、輸液を口から入れる「飲む点滴」を作ったらどうかと考えた、そういう面白い発想からきた生理的な食品なのです。それが、のどが渇いているときにおいしいというふうに設計されたというのは、さすが製薬会社だという話でした。

ところが、発売してみると全然売れない。普通、飲料というのは、リン酸やクエン酸で酸っぱくして、pHを下げます。そうすると、さっぱりした味がするのです。ところが、輸液は身体の中に入れるものですから、体液と同じpHで7・4くらい。何かアルカリっぽい嫌な味が立つ傾向があります。

それでも、スポーツ後の人や、サウナに入った人など、汗をかいているたくさんの人にサンプルを試飲してもらうことで、あるときから、「スポーツの後に、すごくおいしい」とか、「熱が出た後に飲むと、おいしい」とか、あるいは「二日酔いのときに、とてもおいしい」とか、そういう身体が脱水しているときにおいしいと感じられることがだんだんと広まってきて、それから一挙に売れだしました。

このポカリスエットの開発エピソードからも、生理的な欲求というのは、大変強いということができます。また真夏には、コクのある風味よりも、爽快感のある果汁や塩味を求めるのも、同じ理由によるものです。

吸い物の塩加減と身体の塩分濃度の関係

吸い物の塩加減、これもなかなか難しい。ついつい入れ過ぎてしまいますね。適当なところで止めるのが難しいものですが、全国の吸い物の塩加減を、つまり塩の主成分である塩化ナトリウムの濃度を、調査した人がいます。

結果は大阪が一番薄かった。京都も割と薄い、でもそんなに薄くはない。全国的にみても、吸い物の塩加減は大体0・8〜0・9パーセントの間に入っています。面白いことに、この塩化ナトリウムの濃度というのは、血液中の塩分濃度とまったく一緒です。

これは偶然ではありません。我々は、吸い物を飲むと、何かほっとした気分になりますよね。これがもし、海の水のように濃度が3〜4パーセントくらいのしょっぱい水だったら、塩辛くて飲めない。反対に濃度が0・5パーセントくらいの、ものすごく薄い吸い物だったら、何か物足りない。我々は、自分の血液中の塩分が、濃くなるのも嫌だし、薄くなるのも嫌だから、ちょうどいい濃度の塩分を飲みたい。それが、ちょうどいい吸い物の塩加減になっているのです。

ちなみに、血液中のナトリウムは154ミリ規定、一価のイオンですから、154ミリモルと同じです。つまり塩化ナトリウムに換算して0・9パーセントです。神経伝達をするとか、食べ物の栄養素を輸送するとか、細胞が生きていくために、さまざまな機能が働くためには、この濃度が非常に重要なのです。

だからこそ、この血液中の濃度は絶対に変えたくない。我々は血液中の塩分濃度を厳密にコントロールするために、それ以上に濃い物や薄い物を飲まないようにしているのだろう。これも、生理的な欲求の極めて正確な調節であるといえます。

身体の役に立たないものはおいしくない

今、流行のノンカロリーの食品には、さまざまなものがありますが、面白いものでは、ノンカロリーの油があります。糖の周りに脂肪酸を付けたもので、見かけはまったく油です。天ぷらも揚げられます。

アメリカのイリノイ州で試験発売され、これで作ったポテトチップスを私も食べてみたのですが、普通のポテトチップスと同じような味わいで、よく出来ているなと思いました。カロリーはまったくありません。ただし、日本では認可されていません。アメリカでも、認可は遅れました。

なぜなら、これはまったく消化吸収されないのです。脂肪酸は、普通はリパーゼという消化酵素が分解するのですが、たくさん脂肪酸が付いていると、隙間が小さいので、消化酵素が働かない。ですから、まったく消化吸収されないまま、排泄されます。脂溶性のビタミンなどが排泄時に失われる懸念が指摘されました。

これと類似の物質で、ソルビトールという糖に脂肪酸を結合させた吸収されない油脂をマウスに与えると、どうなるか？　マウスの目の前に、普通のコーン油とこのノンカロリーの油を二つ並べて、どちらが好きかを選択させました。その結果が**図30**です。

最初の1時間くらいは、マウスは両方をあまり区別しません。ところが、1時間を超えて、3時間、4時間になっていくと、明らかに普通の油しか飲まなくなる。最後には、ノンカロリーの油に見向きもしなくなります。それは1週間続けても、そのままずっと変わりません。つまり、カロリーがないということが、彼らにも分かる。長いこと続けたら、多分、我々人間にも分かると思います。

図30 ノンカロリーの油（ソルビトール脂肪酸エステル）は、数時間以内にマウスに好まれなくなる。
（長時間2瓶選択試験）

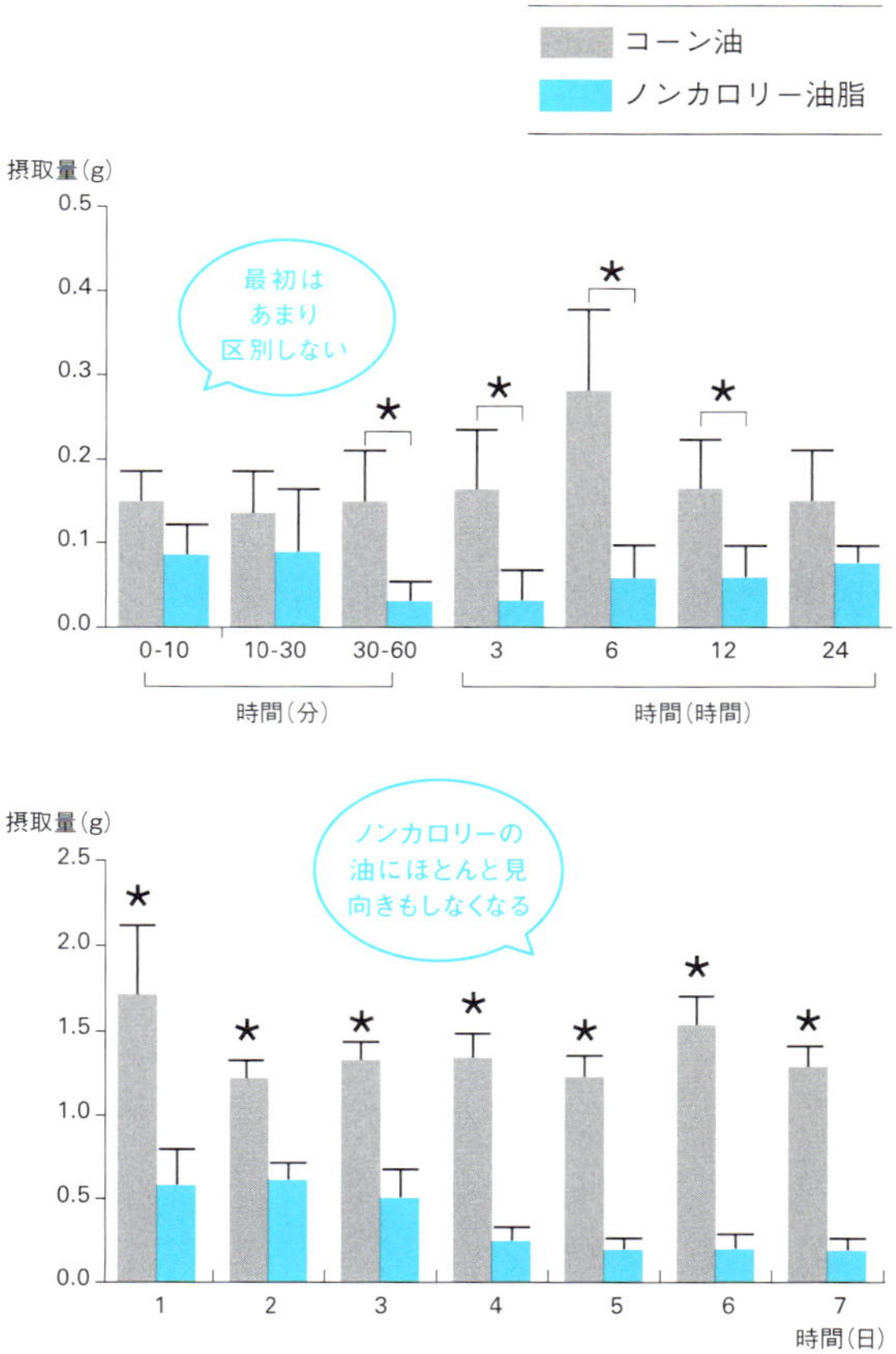

★は危険率5％以下で統計的に有意差あり

動物にとって、身体にとって不必要な物、あるいは役に立たない物は、おいしくないということが厳としてあるわけです。我々人間も動物ですから、おそらく好き嫌いの根底には、身体にとって役に立つ物はおいしい、役に立たない物はおいしくないというのが、多分あるはずです。

時代によって変わるおいしさ

この生理的なおいしさというのは、時代とともに変わります。今から20年くらい前に、朝日新聞の夕刊に、もう甘い味が一番おいしい味ではなくなったという面白い特集がありました。

これは、当時の自動販売機についての記事です。それまでは、販売機に並んでいる飲料は、すべて甘いコーヒーか、すごく甘いジュースだったのだそうです。ところが20年くらい前から、突然、ウーロン茶が並び、日本茶が並び、そして水までも加わった。まったく甘くない飲み物ばかりが並んでいて、コーヒーもほとんど無糖や微糖で、甘くない。

ちょうどそのころは、我々日本人のエネルギーが充足して、そして過剰になってきた時代です。つまり、エネルギーが足りないときには、甘い味はおいしいけれども、食べ過ぎている人たちにとっては、甘い味は必ずしもおいしい味ではないということが推定できます。

例えば、角砂糖を普通は誰も食べたいとは思わないですね。しかし、飢餓状態にある人たちのところに持っていくと、みんな集まってくるそうです。つまり、エネルギーが足りない人たちにとっては、甘い味が一番おいしい。経済成長が終わって、そして十分エネルギーが足りるようになり、どんどん甘さから逃げていく、そういう飽食の時代になってきました。

ただし、日本の若い女性は、飢餓の状態にある人と同じ代謝をしているという話がありま す。若い女性の基礎代謝は、1日大体1200〜1300キロカロリーなのですが、これは生きていく上で最低限必要な量です。厳しいダイエットに励んでいる女性では、それにちょっと上積みしたくらいのカロリー摂取で生きている可能性があります。

こうした女性たちは、厳しくエネルギー制限をすればするほど、甘い物がおいしくなる。しかし、理性はこれを邪魔して、甘い物を食べたら太りますよという抑制を課す。一方では、身体は甘い物が欲しくて仕方がない。こういう皮肉な状態です。

そういう意味では、おそらく今の若い女性にとって、甘い物はすごくおいしい。ただ、たくさん食べるのは怖い。今、スイーツが流行っているのも、その折り合いをつけるためだと考えられます。小さくてすごく甘い物というのが、おそらく一番の折衷案でしょう。

生理的なおいしさに関わる論文

生理的なおいしさと、おいしさに生理が関わっているということを書いている論文は、山ほどあります。

- **人間や動物が甘味を好み、苦味を忌避するのは、有用な成分・有害な成分を認識する生命維持のための先天的機能**（Steiner 2001）
- **動物は必須アミノ酸を欠いた餌に対する食欲を減じ、欠乏しているアミノ酸を選択的に摂取する**（Mori et al. 1991）

一つの重要なアミノ酸が欠乏している餌を食べさせると、マウスはそれを食べなくなってしまう。しかも、いろいろなアミノ酸の中から、必要なアミノ酸を自分で選ぶことができる。分かるのです。

- **長時間の運動の後では、人や動物は甘味欲求を高める**（Horio 1997）

・十分なエネルギーが得られている場合、甘味嗜好が抑制される（Kawai 2000）

長時間、運動をすると、カロリーを使ってしまいますから、すぐにエネルギーになるものというと、甘い物が一番手近である。だから甘い物が好きになる。逆に十分なエネルギーが得られている場合、甘味嗜好が抑制されるということです。

「食文化」のおいしさ

次は、**食文化のおいしさ**。これは、まったく人間固有のおいしさです。動物に食文化は、おそらくないと思います。

一番端的なのは、子どものころから食べている物、なじんでいる物、あるいは、若いころから食べ慣れている味というのは、許せる。そうでない味は違和感があるということです。

大学で学生に、

「卵焼きは甘いのが好きですか？」

と聞いてみると、結果は、好きか嫌いかでおよそ半分ずつに分かれます。「卵焼きに砂糖なんて入っているの？」と言う人もいます。

本人の出身地、あるいは母親の出身地を調べると、京都、大阪、滋賀、奈良、兵庫のあたりは、卵焼きに絶対に砂糖は入れません。一方、北海道、東京、名古屋、四国、九州は、全部、砂糖を入れます。これは、相互にカルチャーショックなのです。

私たちはどうやら、食べ物を食べる前に、それがどのような味わいかということを推定しているようですね。それが自分の予想と外れると、まずい。自分の予想通りだと、安心しておいしく感じるということがあります。

これが典型例で、関西では卵焼きに砂糖は入れません。よく、江戸前の人は、寿司屋の腕は卵焼きを見たら分かるというのですが、関西人の我々にとっては、あんなに甘いものは絶対に嫌ですから、寿司屋の腕だって分からない。ひとえに、食べ慣れた物の安心感であろうと思います。

食べ慣れた味は安全である

私たちは物を食べるときに、実際はすごく心配をしながら食べるわけです。それで、どのくらいの歯触りで、どういった味で、ということを予想して食べますよね。予想と大きく外れると、これは何か異変があるのではないか？　腐っているかもしれない、あるいは何か変な物が混じっているかもしれないと不安になります。

そういう意味で、私たちは「食文化」といいながら、実は子どものころから食べている物は安心できるという意味で、食べているわけです。子どものころから食べている物は、それを食べて、母親や父親がバタバタ死んだとか、あるいは親戚の人が死んだとかいうことはないですよね。ものすごく安心できる。だから、郷土の食べ物、あるいは食べ慣れた物というのは、自分にとっては絶対安全であるという意味で、おいしいのです。反対に、食べ慣れていないというのは、大変不安になります。

ものすごく極端な例に、鮒《ふな》ずしがあります。これは強烈に臭い。滋賀県の琵琶湖に、固有種のニゴロブナというフナがいて、その子持ちのフナで作ります。

フナのウロコや内臓を取って塩漬けにした後、塩、フナ、ご飯、塩、フナ、ご飯というふうに、樽の中に重ねて漬け上げていきます。そして、重しを乗せて、空気が入らないように上に水を張ります。完全に嫌気発酵です。酸素を使わない乳酸発酵が起こりますから、骨は溶けるし、もちろん肉は溶けるし、ご飯も溶けてきます。

いわゆる腐敗状態なのです。これは樽から出したときは酸っぱいだけで、そんなに強烈なにおいはないのですが、1時間、2時間経つと、ふわっと腐敗臭が出てきます。強烈ですが、しかしこれを食べ慣れている人はみんな、

「酒のつまみに、こんなにうまい物はない」

と言います。この場合、酒は日本酒ですけどね。

少なくとも、子どもはみんな嫌います。臭いからです。でも、親がこれを食べていると、なんとなく安心する。その子どもが親になって、いつの間にか、結局、自分も食べている。食文化というものは、こんなに腐っているものさえ、食べられるようになる。

そして関東といえば、伊豆諸島のくさや。これはムロアジやトビウオなどを開いて、そして江戸時代からあるくさや液に漬けて、干したものです。これも強烈なにおいになります。

私はこのにおいは、まったく馬糞のにおいと同じだと思うのです。大学の近くに馬術クラブがあって、その前を通ると、いつもくさやのにおいがする。同じ菌がいるのだと思うのですが、ところがこれも、伊豆諸島の人たちにしてみると、こんなに酒のつまみとしてうまい物はない。

「鼻をつまんで食べてみてください。三回くらいで慣れますから」

とすすめられました。同じ食べ物でも、子どものころから誰かが食べていて、これが危険じゃないということが分かると、腐敗物のようなものでもおいしくなるし、馬糞のようなにおいのものでもおいしくなるのです。

子どものころからの慣れ、あるいは安心感は、すごく強烈に我々の食べ物の選択に影響を及ぼしていることがあります。ほかにも、あん餅の入った香川の雑煮、バナナの入ったアフリカの鍋物など、その土地の人以外には、おいしいとは思えないような食べ物が挙げられます。

食文化の主役は、におい

郷土料理というものは、大体、臭い。その郷土の人が「すごくおいしい」と言って食べていても、隣町の人は「あんな臭いものを」と眉をひそめるということは、よくあります。これは大変大事な話に繋がるのですが、食文化の主役は絶対に、においです。言い換えれば、異臭に慣れるのが食の文化なのです。民俗、地域、家庭で、においのとらえ方は異なります。

人間のにおいの受容体は400種類弱あります。だから、1つのにおい分子が4つも5つものセンサーに作用して、いろいろな組み合わせが出来て、それで多くのにおいが解像度高く識別できます。

ところが、味のセンサーというのは、甘味センサーが1つ、うま味センサーが多分1つで、そして酸っぱさも1つ、しょっぱさも1つで、苦味だけは24~25あります。こんなに少ないセンサーで、すべての食べ物の味が分かるわけがない。ちなみに、苦味は危険な物質の信号ですから、確実に検出するために、センサーもたくさん用意されています。

鼻をつまむと味が何も分からないというのは、おそらく正しくて、味というのは、ぼやーっとしたものです。ぼーっと甘いか、ぼーっと辛いか、酸っぱいか。酸っぱさがこの程度、うま味がこの程度、甘さがこの程度ということは分かると思いますが、識別は全部、においによって行われているのです。おそらく皆さんはワインを飲んで、

「これは○○の産地の△△というワインに近い」

とか、あるいは、

「やっぱりこれはおいしいね」

と合意できますよね。それは、おそらく嗅覚のせいだと思います。

しかも、においの記憶は確かです。におい分子は、鼻の嗅粘膜を刺激し、その信号が嗅球というところへ行き、そのまま大脳にスポッと入ります。そして、においの記憶がきっちり

とぶれずに残りますから、あるものを食べて、20年、30年前の記憶がパッとよみがえるということがあります。我々が記憶しているのは、味ではなく、においなのです。

味は舌から脳の真ん中、後ろへと行くときに、転々とニューロン（神経細胞）を乗り換えますから、ぼやっとしていて、相対的になり過ぎて、よく分かりません。

おいしさへの食文化の影響に関わる論文

おいしさと食文化、つまり食べ慣れたにおいの、おいしさへの影響に関しても、たくさんの論文があります。

・食の伝統は健康感や便利、楽しさと同じく食品選択の主要な因子である（Rappoport et al. 1992）

おしなべていえば、食物選択の因子としては、食の伝統が大事である。

・**幼児期に和食の朝食を摂取していたヒトは、成長してからも和食への関心が高い**（Kimura et al. 2010）
・**高齢者の好みを観察すると、料理の選択には若年時の食習慣が関係している**（Laurati et al. 2006）
・**大人の野菜の摂取状態は、家庭での昔からの食習慣を反映している**（Uglem et al. 2007）
・**地域や民族の伝統的な食は、反復摂取によって予測が可能となったおいしさ**（Zeller 1999）

我々は、食べ物を食べる前から予測していて、予測の通りなら、おいしい。予測が外れると、違和感がある。違和感があると、おいしくない。

・**親子の類似点は、それほど大きくない**（Rozin 1991）

つまり、遺伝じゃないということになります。

「情報」のおいしさ

三番目のおいしさは、**情報**。これも人間特有です。

情報と聞くと、何か分かったような気になるのですが、これは、いろいろな面があって、実はなかなかとらえにくいものです。一番、表面的な情報というのは、例えば『ミシュランガイド』のような、オーソライズされたおいしさです。星が二つも付けば、突然、電話が鳴り響いて、予約が殺到するというようなことが起こります。

「忙しくなるから、味が落ちるのにね」

と料理人は言っていましたが。でも、ミシュランの星が付くと、一般の人にとっては突然おいしくなる。

それから、グルメな著名人が、

「これは絶品だ。すごくおいしい」

と言うと、「なるほどなぁ」という先入観を、いつの間にか持ってしまう。それによって強いバイアスがかかる。情報はおいしさにバイアスをかけやすい。そういう面が一つあります。

教わって学ぶ「情報」のおいしさ

そして、情報はもっと奥が深い。

例えば、ワインを初めて飲む人たちにワインを選んでもらうと、白ワインならば大体、大手メーカーの980円くらいの、飲みやすい物を選びます。高級なワインというのは、何かこう、ひねこびたクセのある味に感じてしまって、彼らは嫌うことが多いのです。

つまり、ワインのおいしさ、あるいは食べ物のおいしさは、先に食べた人、食べ手や飲み手が所属する集団のリーダーたる人、または先人が、コツコツと作ってきた「何が高級で、何がおいしいか」を示す座標軸によっていると思うのです。

小学校6年生の男の子が、

「やっぱ、ボルドーはええよね！」

これは、絶対にありません。大人の味というのは、

「これが高級な味である」

「これが本場の味である」

「この年は、こういう味がする」

ということを、皆が擦り合わせて作った座標軸の上に乗っている。そして、その座標軸に合致すれば、

「これは高級な味ですね。こちらはまだ若いですね」

ということを言うようになる。つまり、先に情報があって、それに合えばおいしいと言う。味わいと判断の関係が逆ですよね。

ところが、我々が食べている多くの物のおいしさは、このように判断されているのではないかと思うのです。「本場の味」とか、「旬のおいしさ」とか、「○○地方のこのジャガイモが、やっぱりおいしい」とか、いろいろな大人のおいしさがありますが、それはほとんど、誰かが先に「これはおいしいね」と言って、そして合意して出来た座標軸がもともとあって、私たちはそれを学んでいる。ただ、もちろん、この座標軸は勝手においしい、おいしくないというものを作っても仕方がないですから、擦り合わせをするときに、ある程度の合意がなければなりません。

我々は、食べ物をニュートラルにおいしいと思うかというと、そうではなくて、先に「この食べ物は、こういう物がおいしい。こういう物が高級だ」という基準のようなものがある。多分、文化が変われば、まったく違うおいしさが出てくると思います。それでも、ある文化

の中では、そのおいしさについては合意が成立している。特に大人になってから好むような食べ物というのは、大体、座標軸が先にあるのです。

このように情報というのは、おいしさの根源に関わると思うのです。

そしてこれは、人間の一つの特徴だと思います。動物は情報をまったく取り入れません。私たちの研究室では、マウスをたくさん飼っているのですが、そのマウスに、いくらビールのコマーシャルを見せても、そのメーカーのビールが好きになるようなことは、絶対にありえません。

我々は、いろいろな情報をとらえて、それをおいしさの中に組み込んでいって、そして「あぁ、おいしい」と言う傾向が非常に強いのです。

人間だからコマーシャルが効く

例えば、イチゴを食べます。すると、イチゴは甘くて、酸っぱくて、サクサクとして、冷たい、という感覚が得られます。それらは全部それぞれ独立して、延髄《えんずい》という、首筋の奥のほうにある脳の入り口に入っていく。さらに味覚野《みかくや》といわれる、頭のてっぺんのうんと奥のほうに入っていく。

その後、扁桃体《へんとうたい》というところで、これまでの食体験と照らし合わせて、おいしいとか、まずいとか、水っぽいとか、フレッシュであるとか、甘味が強いとか、そういうところから、おいしいという判断をします。

実は、このプロセスは人間も動物もまったく共通です。さらに人間は、**図31**のように、そこに情報が加わります。つまり、

「コマーシャルをよくしている」**（CM）**

「おいしいという、うわさがある」**（うわさ）**

「値段がものすごく高い。1粒700円のイチゴだ」**（価格）**

「見た目にすごくツヤツヤしていて赤くてきれいだ」**（視覚）**

そういう視覚的な情報、食べなくても分かる情報が横から入ってきて、眼窩前頭前野《がんかぜんとうぜんや》で合流してから扁桃体に行き、おいしさが決まる。

おいしさが決まってから、合流するのではありません。合流してから、おいしさが決まるのです。だから、我々にはコマーシャルが効く。マウスみたいに情報が入らないものには、コマーシャルはまったく無意味です。

図31「情報」のおいしさ

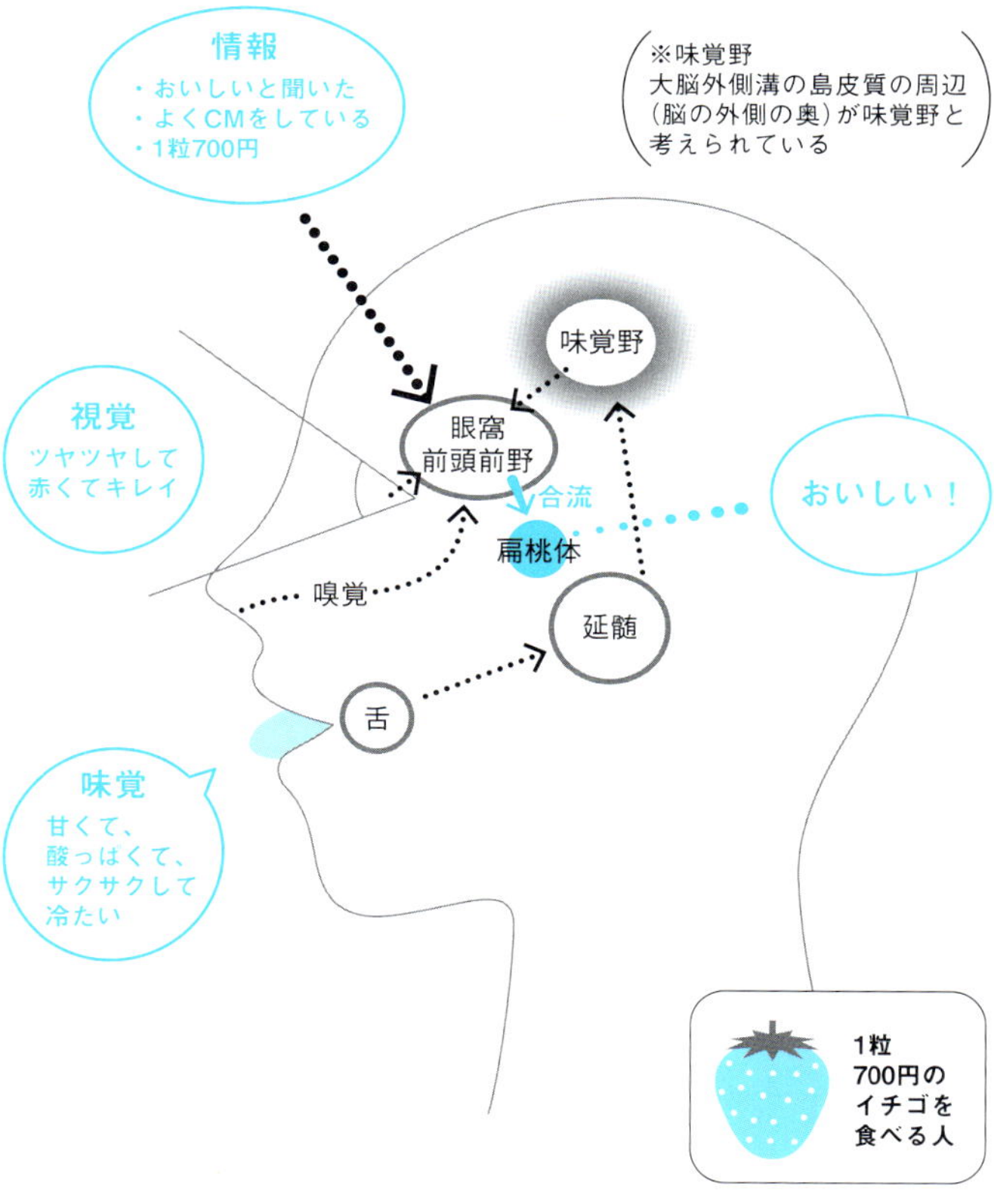

味と情報が合流してからおいしさが判断される

注）人間の味覚情報経路は、いまだ研究が進められている段階である。

情報が蔓延しているわけ

本来、食べ物を口で食べて、においをかいで、味をみて、そして、うまいかまずいかを判断するほうが、うんとまっとうではないかと思うのですが、人間の場合、そこに値段や人のうわさ、コマーシャルなどが横から入ってくる。何かすごく不思議というか、邪道だと思うのですが、おそらく、人間が自分でこちらの方法を選択したのではないでしょうか。

なぜかというと、こちらのほうが安全だからです。

つまり、食べてみて、毒が入っていることが分かってから吐き出すよりも、最初から毒が入っていないと分かっているほうが、はるかに安全なのです。

この「情報」の中には、文字情報もありますし、有名なブランド名もあります。あるいはJASマーク、製造年月日、賞味期限、消費期限もあります。こういうものが寄って、たかって、安全性を担保してくれる。情報に照らし合わせて、おいしさを判断するほうが、自分の口で味わってみるよりも、絶対に合理的かつ安全で早いとして、人間はそちらを選択したのだろうと思います。人間は進んで、おいしさの判断の中に「情報のほうが便利だ」ということを取り込んだのでしょう。

実は、我々の食べ物というのは、もう安全性が担保されています。飲食店の食べ物で食中毒になったら、そのお店はすぐに営業をしばらく停止するでしょうし、毒物が混入しているとなったら、厚生労働省が黙っていないでしょう。そういう意味では、安全を当たり前だと思っています。

この情報とおいしさについて、一つ実験をしました。

被験者となる女性の目の前に、パンを四つ並べて、そして、

「一つだけ食べてください」

と言います。女性はにこにこしています。パンが大好き。続いて、

「このうちのどれか一つに、注射器でからしを入れました」

と言うと、突然、顔が険しくなって、においを嗅ぐ。異変をみるわけですね。でも、

「細い注射針で慎重に入れたから、外から見ても分からないですよ」

と言うと、もうあきらめた感じで、何の根拠もないですが「これかなぁ」と選びます。

そして、その後が面白いのですが、まず、手に取ったパンの端っこを食べます。端っこを食べるのも、恐る恐るです。

それで辛くなければ、「あ、これは大丈夫かもしれない」と、もうちょっと端っこを食べま

図32 情報とおいしさについての実験

においを嗅いで、異変を探す。

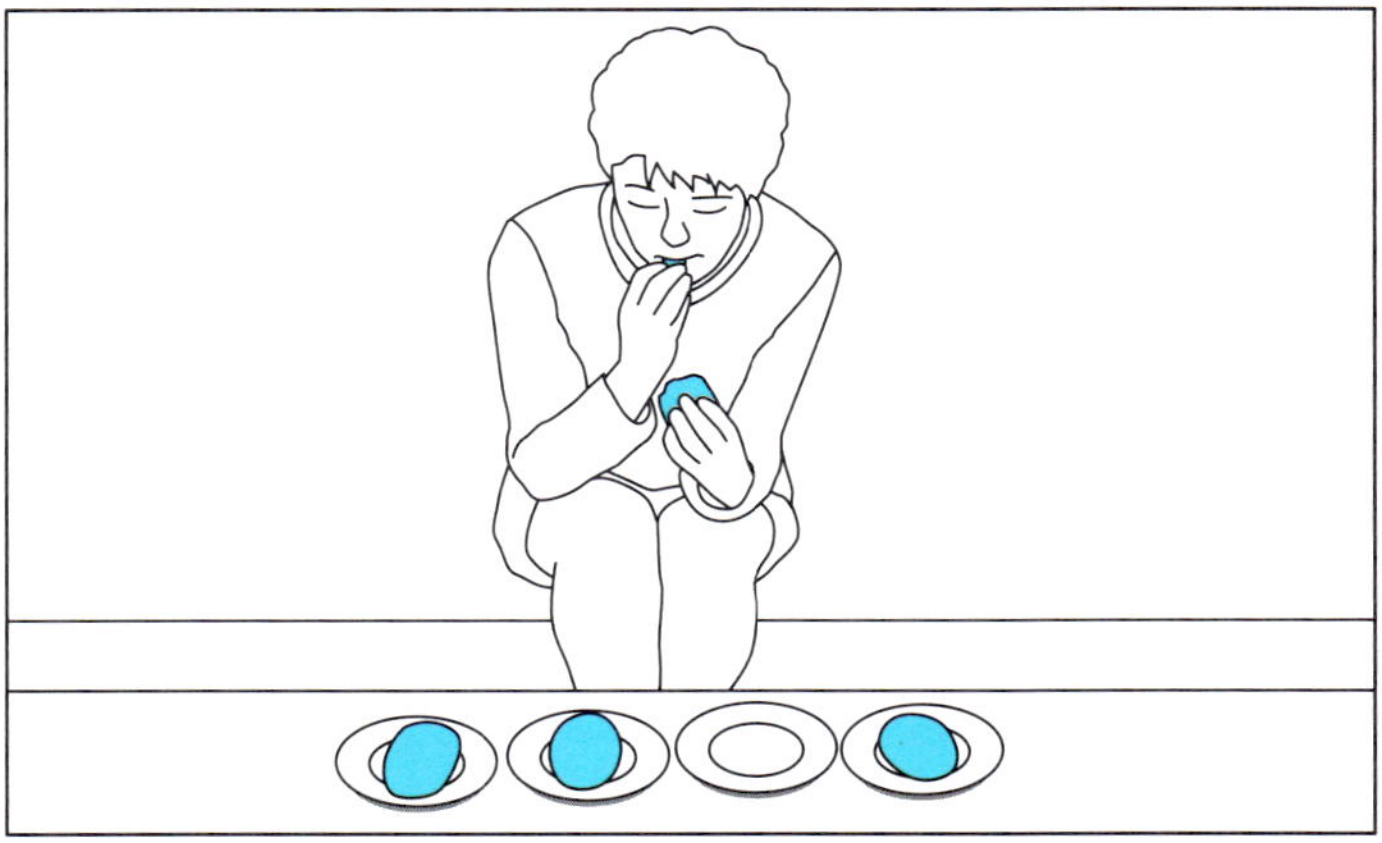

端っこを恐る恐る、少しずつ食べる。

す。それでまだ大丈夫となったら、また端っこを食べる。大体、真ん中くらいまで、そういう食べ方をするのです。

この食べ方というのは、実は野生動物の餌の食べ方とまったく一緒です。

彼らには、目の前の食べ物が安全だという証拠はまったくないわけです。ですから、恐る恐る、本当に不安いっぱいのまま、端っこを食べて、そして苦くないとか、変な味がしないということを確認してから、がばっと食べる。

実はパンの中には、からしは入れなかったのです。しかし、「からしを入れました」という情報一つで、目の前の四つのパンは、おいしいパンから突然不安の塊になって、今まで、パンが好きだと言っていた人が、険しい顔で恐る恐る食べるようになるのです。

これでは、おいしくないですよね。

私たちは食べ物を一つ一つ口の中に入れて、毒がないかを調べながら食べて、そして生きていきましょうということは、もうできない。絶対に嫌なのです。むしろ、

「これは有名な『進々堂』のパンだから、絶対に大丈夫だ」

ということを確信して食べるほうが、よほど楽しい食生活ができる。

だから我々は、おいしさの中に、安全という形で情報を組み込んだのだろう。そう考える

と、情報がなぜ、これだけ蔓延しているか分かりやすいでしょう。

情報の意義というのは、

「食べる前から、あらかじめ食を評価することができる」

このように整理できると思います。

だから情報は、詳細で、かつ印象的で、いいことが書いてあるほうが好まれます。情報によって、安全かどうか分かる。経済的に良いかどうか分かる。自分の好みに合っているかどうかというのも、内容物やブランドなどで大体説明がつく。そういう意味で、情報は大変大きな意義がある。

ワインは、まさにこれですよね。全部開けてから選ぶということはできません。むしろ、産地やブドウの品種、生産された年で、大体の味を推定できるわけで、情報が一番大きく影響している。そういう食べ物だろうと思います。初心者には分からない、学んで知るおいしさです。「なぜおいしいのか?」という原理ではなく、「この味をおいしいと考える」という教えが伝達されることが、ワインのおいしさの世界の特徴ですね。

「情報」のおいしさに関わる論文

情報は今、流行で、情報の影響に関わる論文も、ものすごくたくさんあります。

- **おいしさの予想や期待は、おいしさの評価に影響する**（Cardello et al. 1985, Rozin et al. 1998）
- **おいしさの予想や期待によって、予想を確認するため、おいしさの外観に注目が向けられる**（Wansink, 2002,2004）
- **ワインボトルのラベルのような環境的因子が、同時に供される食物の消費量に影響を与える**（Wansink et al. 2007）
- **環境的因子として値段、表示、見た目、ネーミングなど、多くの形態がある**（Wansink et al. 2005）
- **色が嗜好に影響を及ぼす**（Zeller 2003, Mega 1974, Johnson&Clydesdale 1982）
- **食品ラベルの内容が嗜好性に影響**（Okamoto et al. 2008）
- **食品カテゴリーの重要性**（Zeller 2007）

ボトルのラベルのような、環境的な因子もある。目で見て分かるような環境的な因子が、食べ物の味も変える。色も関係がある。このように、情報はたくさんあります。

「やみつき」のおいしさ

最後の四番目は**報酬のおいしさ**。脳の報酬系で発生する**やみつき**のおいしさです。これは、なかなか分かりにくいようで、当たり前の話です。

２０００年に、味の素が全国で５０００人の嗜好調査をしました。各地方で、男女別で、しかも年齢ごとに調査をしています。質問項目の一つに、「どんな物が特に好きですか?」というう面白いものがありました。そして、多くの人たちが、主食となる料理やおかずについて、次のようなものに「特に好き」あるいは「好き」と答えたそうです。

牛丼	**すき焼き**	**ステーキ**
ラーメン	**ギョーザ**	**チキンの唐揚げ**
エビフライ	**カレー**	**刺身**

なんとなく、そうだろうな、と分かる感じがしますよね？　これは特に男女差はありませんでした。また性・年齢別解析では、中年女性が和菓子、ケーキなどの洋生菓子、チョコレートなどを特に好みました。

これらの食べ物の共通の成分は何かというと、「あぶら（脂肪）」と「砂糖」と「だし」です。例えば、チョコレートはあぶらと砂糖の塊ですよね。ケーキの生クリーム部分もやっぱりあぶらと砂糖ですし、牛丼やすき焼きというと、あぶらののった肉に、砂糖とだしの効いたタレです。あぶらと砂糖とだしが豊富なものは、我々にとってクセになる。

こういう食品には、「ものすごくおいしい」という言葉がよく使われる。あぶら、砂糖、だしの三つのうち、二つくらい入っていたら、大変おいしい物が簡単に出来ます。そういう意味では、誰でも作れる。おいしい物というのは、あぶら、砂糖、だしを増やせばいい。

そして、これが一番目の「生理的」おいしさとどう違うのか？　生理的なおいしさは、生命維持のために大事な物がおいしい。でも、この「やみつき」のおいしさは違います。

実験動物のマウスを1カ月間飼育して、体重を量ります。すべて栄養素が揃っている固形飼料を与えると、体重増加が起こります。栄養素は完全に足りていて、大体どのマウスも食べ過ぎはありません。

しかし、ここで、さらに給水瓶に入れたコーン油を自由に飲めるように餌の横に置いておきます。すると、マウスは餌を食べますが、加えてコーン油も同時にペロペロなめるようになります。コーン油はカロリーが高いのです。

そうすると、**図33**のグラフのように、体重がぐんと上がってくる。これがコーン油ではなく砂糖水だと、ちょうど二つの線の真ん中くらいになります。

栄養価が完全に足りていて、本来ならばそれ以上食べ過ぎない動物でさえ、あぶらと砂糖に関しては摂取し続けてしまい、体重を増やしていく。1カ月目になると、もう体の中の臓器が、油に浮いているような感じになって、ひどくぶくぶく太ります。それでも、食べることを止めません。

おそらく、栄養価が完全に揃っている固形飼料を食べるモチベーションは、生命維持のためでしょう。それ以外は、快楽のため。あぶらと砂糖は、食べておいしいという快楽が強い。その快楽を求めて、食べ過ぎてしまっているのだろうと思います。

我々も、脂ののった分厚い肉が鉄板の上でジューッと焼けると、ちょっとお腹が膨れていたとしても、やっぱり食べますよね。

生理的なおいしさが生命維持のためだとしたら、やみつきのおいしさは、快楽のおいしさ

図33 栄養のための摂取と快楽のための摂取

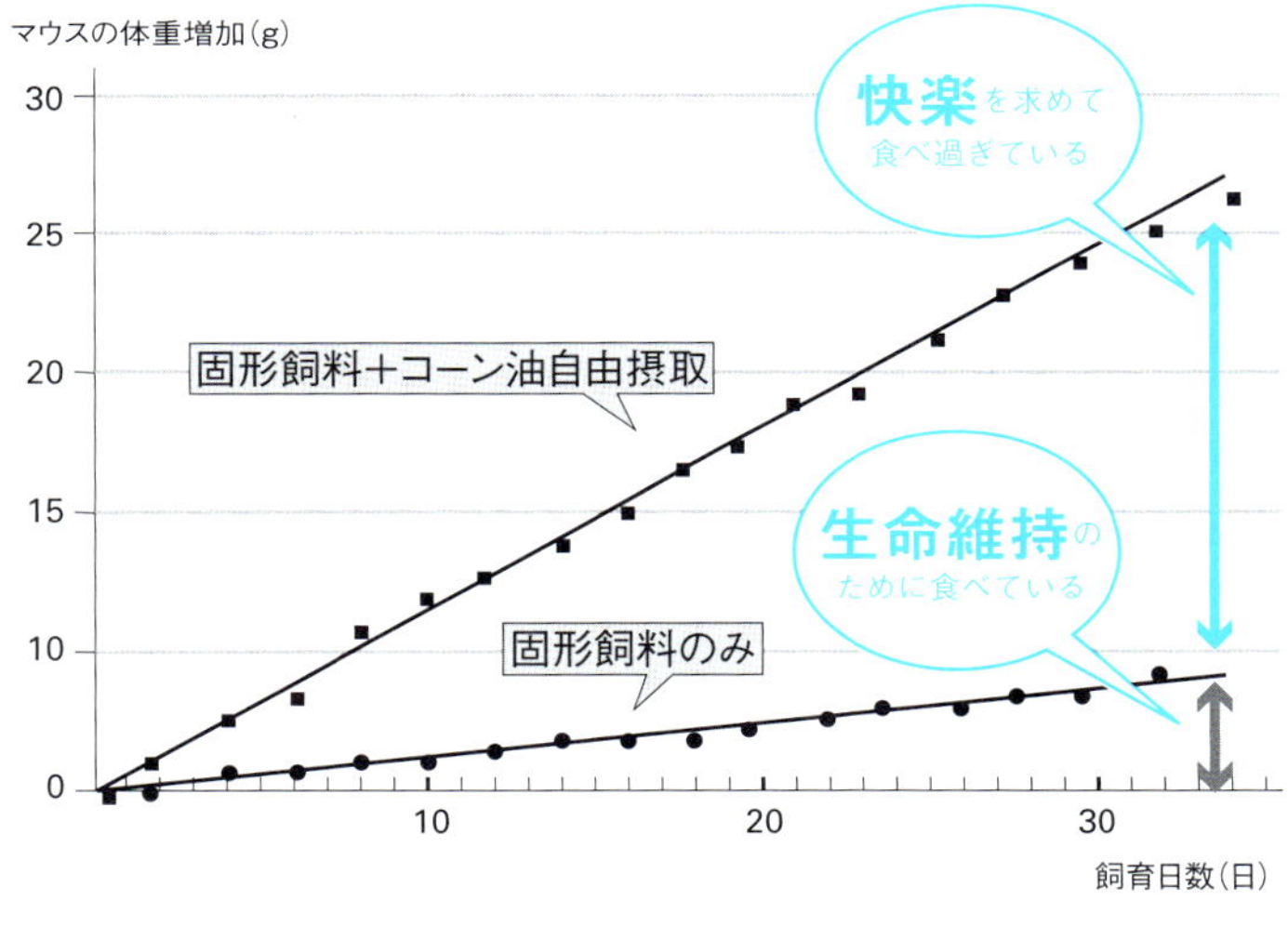

©今泉ら、2000

である。そして、我々の周りには、情報と文化がある。このように説明すると分かりやすい。

何としても食べたいおいしさ

しかし、これが快楽であることを言葉だけではなく、証明しないといけませんので、実験をしてみました。

図34は、動物の快楽を測定する装置です。写真のマウスの手元にタッチレバーがあります。これをちょん、ちょん、ちょんと触るように訓練します。レバーを押すと、ランプが点いて、手前に見える四角い窓のシャッターがパッと開いて、中に頭を突っ込むと、1滴だけ油を飲むことができます。

マウスは油が大好きですから、1滴の油をペロペロなめるのですが、1滴だけでは満足できないので、レバーを再び押します。すると、またシャッターがパッと開きます。つまり、レバーを押すとシャッターが開いて、油が食べられるということを彼らは学習するわけです。

最初はレバーを1~2回押せば、シャッターが開くのですが、そのうち4回、8回、16回と押さなければ開かないように、だんだんとハードルを高くしていきます。

彼らは1滴の油のために、一体、何回まで我慢してレバーを押すか。おいしいラーメン屋に行って、何百メートル行列があっても並ぶのと、感覚は同じなのです。最初は簡単にクリアできるので、まぁ、マウスは機嫌よくやっています。そのうち、ハードルがだんだん高くなると、もう必死です。欲しくて仕方がない。10分間でクリアできなければ、終わりと決めて、そのときに一体何回レバーを押したかが、マウスの1滴の油に対する欲求を示しています。

結果が**図35**のグラフです。コーン油だと必死で150回押します。かつおだし（だしのうま味溶液）で50〜60回。砂糖水で50回。コーン油、かつおだし、砂糖水は、面倒なレバー押しを何回もやってまで食べたいのです。

しかし、塩水やほかの液体では、こういったことは起こりません。つまり、あぶら、砂糖、だしの3つだけは、おいしさの快楽を求めて、動物はレバーを何度も押さざるを得ないようだという意味で、「やみつき」のおいしさであるといえます。

図34 欲求の定量的評価

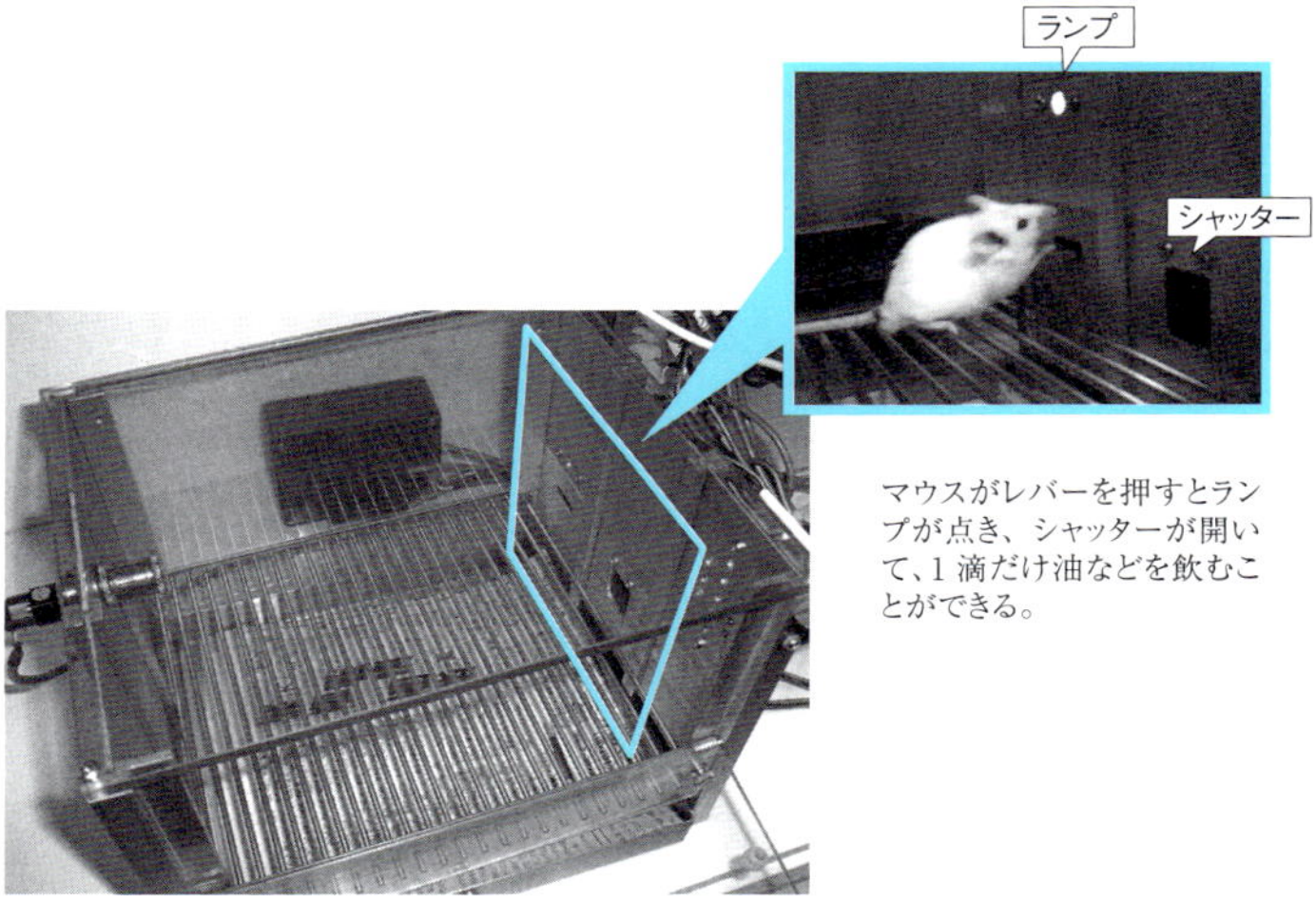

マウスがレバーを押すとランプが点き、シャッターが開いて、1 滴だけ油などを飲むことができる。

図35 限界までのレバー押し回数（Break-point）

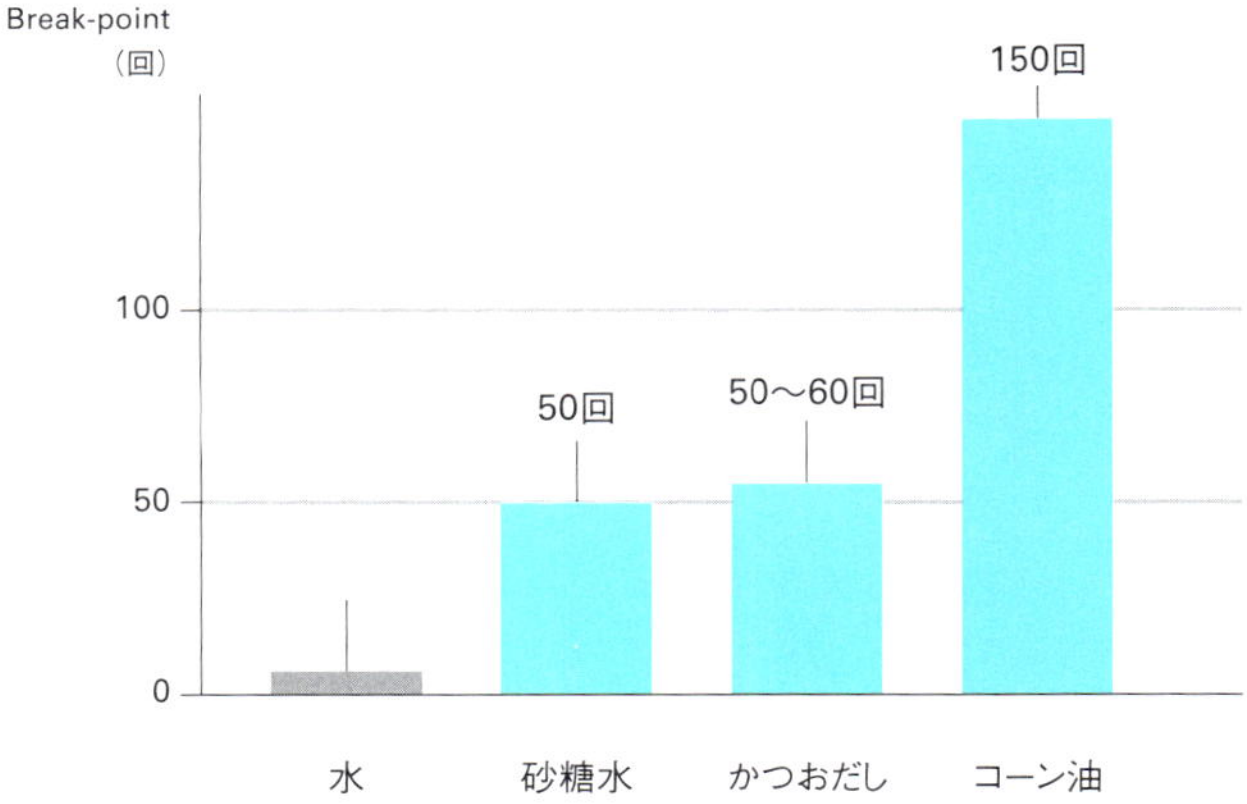

報酬系の関与

このマウスに快楽の欲求を感じさせているのが、ドーパミンやβ-エンドルフィンといった物質です。しかし、これらの物質に対するブロッカーをあらかじめ投与すると、こうした行動はまったく起こらなくなります。ですから、完全に本能が操っている欲求行動であるということがいえます。

1950年代、カナダの研究者がマウスの頭に電極を挿入する実験をしました。電極を入れられたマウスは、自分で自分の頭に電気を流すことができる。

そして、ある場所に電極をセットすると、マウスは自分の頭を電気刺激するのを止めない。ところが、違う場所にセットし直すと、全然刺激をしない。マウスが自ら刺激したい脳の場所を点々と追って繋いでいくと、一本の線がスッと現れてくる。それが、腹側被蓋野《ふくそくひがいや》というところから側坐核《そくざかく》を結ぶ線だったのです。

これらの線上にある神経の束は、快楽への欲求を生み出しているのだろうと研究者は思ったのです。つまり、マウスはこの部分を刺激すると心地よさが得られるから、強制的にスイッチを切るまで、ずっと止めない。

今は、脳のこの部分はドーパミンが関与する報酬系と呼ばれています。実際、油を1滴与えると、この報酬系の刺激を受けて、脳の腹側被蓋野あるいは側坐核あたりで、ドーパミンの分泌がバーッと上がります。

報酬系の影響に関わる論文

報酬系の刺激、つまりやみつき感が、食べ物のおいしさに大きく影響していることについても、我々の研究室の論文を含め、たくさんの論文があります。

- **ヒトの食べたい強い欲求の構成因子として、高脂肪、甘味、炭水化物**（White et al. 2002）
- **禁断、我慢不能、やみつきになる傾向は、食品成分によって異なる**（Rozin et al. 1993）
- **油脂や砂糖などへの極端な嗜好は、高栄養への欲求であり、やみつきと表現できる**（Takede et al. 2001）

・脂質の摂取は、報酬系に影響を及ぼし、動物の強い満足感と摂食意欲をもたらす（Imaizumi et al. 2001, Sawano et al. 2000, Yoneda et al. 2007）

・ナロキソンを投与した過食症の女性は、甘味の強い高脂肪食品の消費が抑制された（Drewnowski et al. 1995）

・報酬イコール必ずしも快楽ではない（Hironaka 1997, Shultz 2000, Geldman et al. 2003）

最後の論文が面白いです。「報酬イコール必ずしも快楽ではない」。

これは何を表しているかというと、極端な快楽が得られれば、我々は満足してしまって、もう食べることをやめてしまうのではないか。おそらく快楽とは、快楽といわれているものの直前くらいの感覚ではないか。もっと脳は意地悪で、どんどん継続させるためには完全に満足させないで、満足の一歩手前くらいの感覚を与えているのではないか、ということです。

何かちょっと、スナックのお姉さんに似ている。こういう思わせぶりな人がいますね。

ワインのやみつき感は何か？

ちなみに、ここでいう「やみつき」のおいしさというのは、あぶらと砂糖とだしのような、もう否応なく、初心者でも入ってくるおいしさのことです。

ワイン愛好家は、ワインにやみつきになっていると思いますが、これはおそらく、食体験も含めた「情報」を楽しんでいるのではないかと思います。情報の楽しさが、一種のやみつき感のようにみえるだけでしょう。もちろん、アルコール自体に解放感と酔いの快感もありますから、それにまつわるものは大体好きになるという面はありますが、情報の快楽としての意味合いが強いように思われます。

数学的に解明する

さて、おいしさの理由は、

「生理的なおいしさ」

「食文化のおいしさ」

「情報のおいしさ」

「報酬（やみつき）のおいしさ」

の四つあるというのが、今までのお話です。

おそらく、我々は生理的なおいしさがベースにあり、その上に子どものころからの体験として食文化があって、さらに、自分が仕入れた食べ物に対する新しい情報があって、そして、特殊な「あぶら、砂糖、だしのようなものは、本能的にこれは拒否しない」という報酬（やみつき）がある。この四つの組み合わせで、我々はおいしさを1秒間で判断しているのではないかと思います。そうすると、

「ブランドがすごく大事だ」

と言う人もいれば、

「そんなのどうでもいい、安ければいい」

と言う人もいるでしょう。

食文化がとても大事な人もいるでしょうし、食文化を背景にして、ある特定の食べ物に対してこだわりを持つ人もいるでしょう。

「あぁ、今、いっぱい水を飲んできたところだから、ビールがおいしくない」

「お腹がすいているから何でもおいしい」

というように、その人の状態によっても違うことがあります。

おいしさの理由がこのようにバラバラだとすると、食べ物のおいしさは人によって違いがあるでしょう。

そこで、本章の最初に述べた「同じ物を食べてもおいしい、おいしくないという違いができること」を、数学的に解明することに乗り出しました。

ただし、「生理的なおいしさ」は、外しました。これは、その人の状態が極端に大きくて、食べ物のおいしさとあまり関係しないからです。例えば、餓死しそうな人や、水をまったく飲んでいない人のおいしさを聞いても仕方がない。ですから、実験時の生理条件を一定にして、生理的おいしさを除きました。

図36 15の質問

凡例	●：食べ慣れたおいしさ ▲：情報に影響されたおいしさ ■：やみつきになるようなおいしさ	※実験環境を一定にしたことにより、生理的欲求を満たすおいしさは除外

- ● 昔から食べ慣れている味ですか？
- ● こういった味（まったく同じ味でも構いません）の物を食べたことがありますか？
- ● 何度も、何度も、食べたことがある味がしますか？
- ● あなたの家族は、この味が好きだと思いますか？
- ● 以前から好きな味ですか？
- ▲ 宣伝されているのを見たことがありますか？
- ▲ ぜいたくさを感じますか？
- ▲ 一般的に人気があるブランドだと思いますか？
- ▲ 体に良いという話を聞いている物ですか？
- ▲ 評判になっているので食べたかった物ですか？
- ■ やみつきになりそうな味ですか？
- ■ 無性に食べたくなるときがきそうな味ですか？
- ■ もう一口食べたくなる味ですか？
- ■ ついつい手が伸びるような味ですか？
- ■ 油脂分、甘味、うま味（ダシのような味）のいずれかを感じるおいしさですか？

これらをランダムに質問する

[評価方法]		
	まったくそう思わない	1点
	わずかにそう思う	2点
	ややそう思う	3点
	とてもそう思う	4点
	非常にそう思う	5点

そして「食文化のおいしさ」、「情報のおいしさ」、「報酬（やみつき）のおいしさ」の3つに対して、人によって、どのくらい重きを置いているかを数式化しようとしたのが、**図36**の15の質問です。

食べ物を食べている2口目か3口目くらいで、突然、この15の項目を続けざまに質問して、1～5点の点数で回答をしてもらいます。

「もう一口食べたくなる味ですか?」

「4点」

「昔から食べ慣れている味ですか?」

「5点」

「ぜいたくさを感じますか?」

「3点」

このように反射的に答えてもらうと、今食べた3口目の味に対して、頭の中に浮かんでいることがバーッと出てくる。大体1～2分くらいで終わってしまいます。

この15の質問は5つずつに分かれていて、「●」は食べ慣れたおいしさ、つまり食文化に関する質問。「▲」は情報に関する質問。「■」はやみつき感を聞いている質問です。同じことを何回も、言葉を変えて聞いている。これらをランダムに並べると、一体、何を聞かれているのか、意図が分からなくなります。

この15の質問と同時に、

「この食べ物に点数を付けるとしたら、何点を付けますか？」

と、食べて1秒以内で付けられる点数も聞きます。回答は数字ではなく、10センチメートルの長さの横線を書いて、そのうちの何センチくらいおいしいか、鉛筆で縦線をピッと引いてもらう。そうすると、線の左端から何ミリということで、点数が出てきます（**図37**）。これが一番、感覚が表れやすいといわれています。

こうして、一つの食べ物に対して、15の質問に対する答えと点数のセットができます。

図37 総合的なおいしさの主観評価（VAS）

VAS : 10cm visual analog scale

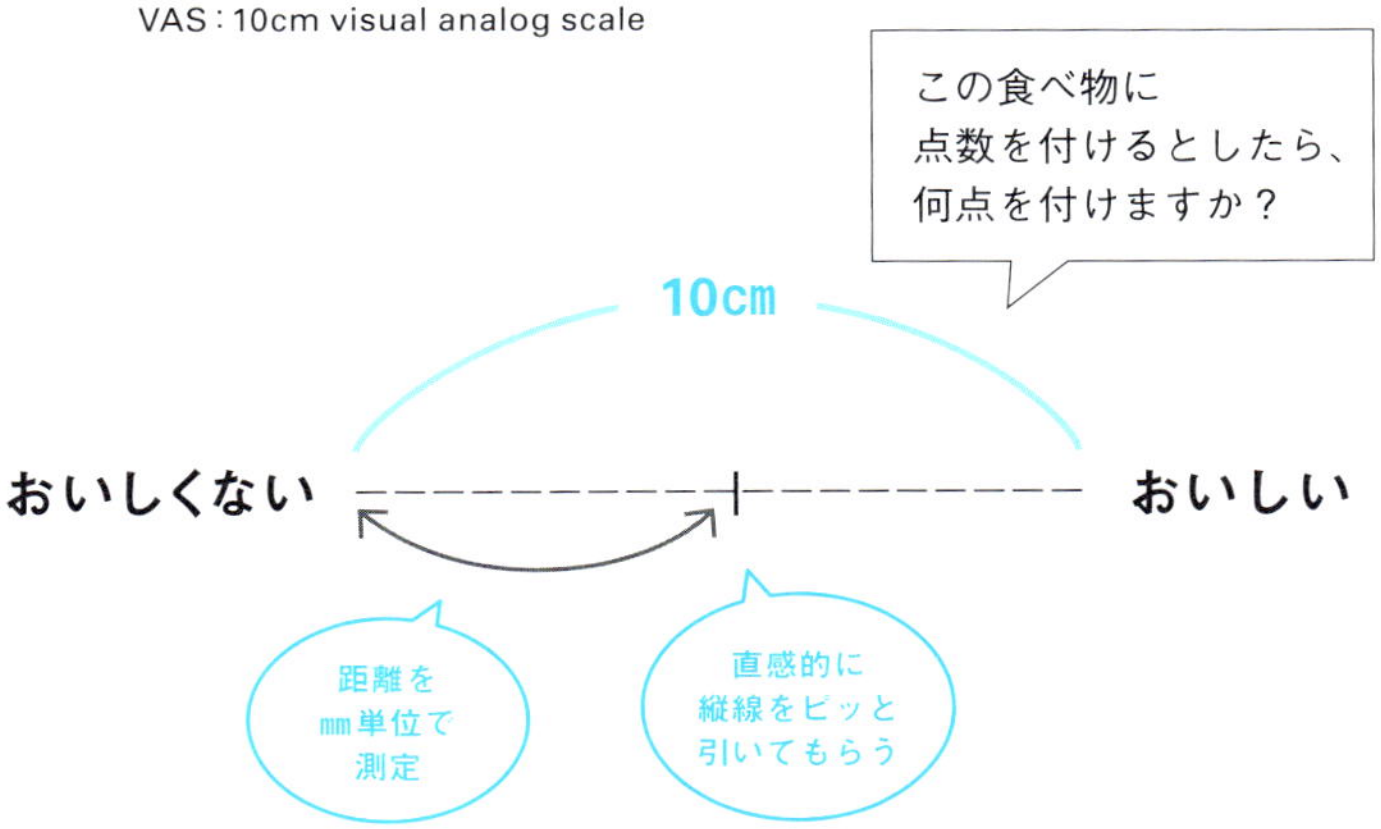
この食べ物に
点数を付けるとしたら、
何点を付けますか？
10cm
おいしくない
おいしい
距離を
㎜単位で
測定
直感的に
縦線をピッと
引いてもらう

図38 総合的なおいしさと要因の重回帰分析

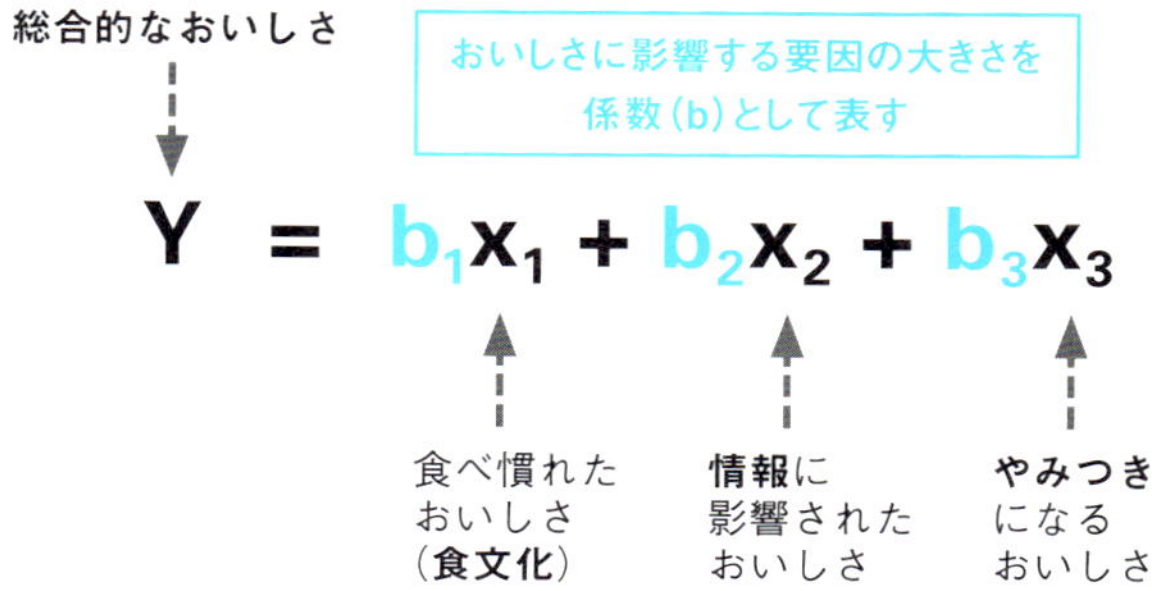

調査結果を分析する

一つの食べ物に対して付けられたこれらの高い点数や低い点数は、どの項目が影響しているかを統計的に計算することができます。いわゆる重回帰分析というものですが、それは、**図38**のような式になります。

b（b1、b2、b3）という係数が、その人の癖です。例えば、食べ慣れたおいしさ、つまり食文化に関心が高い人は、少しでも文化の要素があったら、高い点数を付けるし、やみつき感にまったく興味がない人は、いくらあぶらが多くても、それがまったく点数に影響しません。

そして、実際に次のような実験をやってみました（**図39**）。先ほど触れた、味の素の５０００人調査で使われた食べ物の分類から、ランダムに12種類の市販の食品を選んでいます。

これらの食品を１日に１つずつ、まず２口食べてもらって、１秒で10センチの線上に線を引いて点数を付けてもらい、それから15の質問にバーッと答えてもらいます。今日ククレカレーでやったら、次の日には中華丼でというふうにランダムに行って、12種類の食品に対して答えてもらいました。すると、点数を高く付けるときには、どの項目の評価が高いときなのかという傾向が出てきます。

図39の下表は、被験者Aさんの結果です。総合点は満点が１００点、「食文化」、「情報」、「やみつき」は満点がそれぞれ25点です（質問５つ×最高点5点）。

このように、各食品の総合点と相関しているのは、「食文化」、「情報」、「やみつき」のうちのどれか、各項目の寄与度が分かります。これを数学的に再構成して、おいしさの評価式を作りました。

図39 回帰式はすべての食品に応用できる

実験内容
被験者：
健康な成人男女（Age=21 ～ 31）

n= 9～13

サンプル：
市販の食品 12 種類

実施時刻および摂取量：
15～17 時に、1 日 1 種のサンプルを 2口分摂取

食品サンプル名	n
カレーおよび丼物	
ボンカレー	9
ククレカレー	9
中華丼	9
牛丼	9
親子丼	12
野菜メニュー	
ホウレン草のおひたし	11
きんぴらごぼう	11
カボチャまたはイモの煮物	11
野菜サラダ	11
その他のメニュー	
たこ焼き	10
グラタン	11
そば	13

■ 被験者Aさんの結果

食品サンプル名	総合点（100 点満点）	食文化（25 点満点）	情報（25 点満点）	やみつき（25 点満点）
中華丼	83	11	17	18
牛丼	91	18	21	24
ホウレン草のおひたし	65	21	13	12
きんぴらごぼう	69	16	12	13
イモの煮物	54	23	13	17
野菜サラダ	70	12	13	16
グラタン	79	13	20	19
そば	70	18	16	17

図40 おいしさの評価式
京都大学の大学院生（男性）の答え

$$Y = 1.48 \times X_1 + 0.38 \times X_2 + 1.74 \times X_3 + 8.77$$

（食文化）　（食情報）　（やみつき）

上の式（**図40**）は、京都大学の大学院生の男性、全員の答えを平均したものです。X_1、X_2、X_3は先ほどの「食文化」、「情報」、「やみつき」に関連した質問の答えを数値化したもので、Yは総合点です。アンケートで得られた総合点と各項目への答えのセットを回帰分析することで、各項目の寄与の大きさが計算できます。これを係数として表しています。最後の数字（8・77）は定数項ですので、一応無視してください。

そうすると、まぁ、若いからかもしれないですが、やみつき感の係数（1・74）が一番高かった。つまり、あぶらと砂糖とだしがあれば、何でもおいしい。その次が食文化の係数（1・48）で、割と文化も影響がある。そして、情報は低い（0・38）。というのが、京都大学の大学院生、男性の答えでした。

おいしさの評価式が示すもの

これは集団がかわれば、もちろん、結果もかわります。国がかわれば、結果もかわる。世代がかわっても、もちろんかわります。そして、それぞれの集団ごとに、この式を作っておけば、15の質問をするだけで、新しい食べ物に対して、何点を付けるかが推定できます。

例えば、牛丼をテイクアウトしてきて、その大学院生に食べてもらい、15の質問をする。彼らの式はもう出来ていますから、質問の回答を式に当てはめて計算することができます。

一方で、あらかじめ「この食べ物に点数を付けるとしたら、何点を付けますか?」という答えも聞いておくと、**図41**のように、式の計算結果と、その食べ物に直感的に付けた点数とが、ものすごく一致する。これは牛丼に限らず、レトルトカレーでも、コーンスープでも、肉まんでも、何でも一緒です。うちの大学院生は、完全にこういう考え方で食事を判断しているということが分かります。

これを行った意味は、頭の中から引っ張り出してきた「生理」、「食文化」、「情報」、「報酬(やみつき)」の四つが正しいかを検証するためです。外側で再構成したものと、直感的に答えたものが合うということは、大体のところをつかんでいるという感じはします。

図41 おいしさの主観評価(VAS)と式による評価の関係

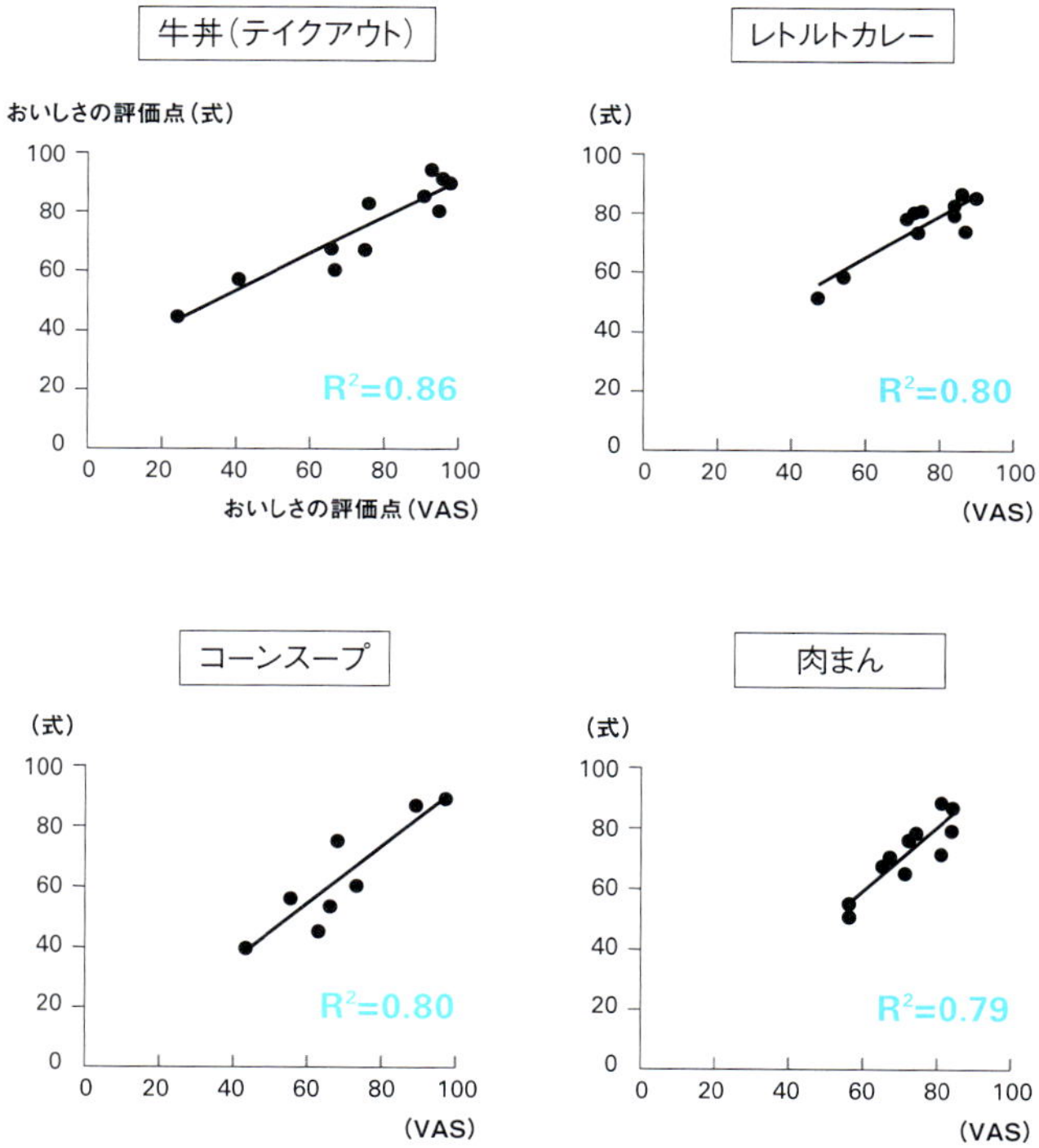

総合的なおいしさの主観評価(VAS)と
おいしさの評価式による評価はよく一致した。

おいしさというのは、こういうもので、我々は、食べてすぐおいしさというものが分かる。それは、三つか四つのことを脳に聞いているのだろう。記憶をつかさどる脳の部分を働かせて、あるいはやみつき系という脳の奥の部分を働かせて、もしくは情報という脳の外側の皮質の部分を働かせて、それらをどこかが統合している。

おいしさの直感的評価と式による評価が一致したということは、「いくつかの要素の和として、おいしさが存在する」ということを示しているといってよいと思います。

両者の間に強い相関性がみられたことから、四つのおいしさの要因が、脳で統合され、総合的なおいしさの感覚が生じるという仮説が、ある程度妥当であったことが支持されると思います。この評価方法は、どんな食べ物や飲み物に対しても、最初の1秒で感じられるおいしさの強さとその理由を、定量的に評価できる可能性を示しています。

（おわり）

Column
第三章
講座こぼれ話

鹿取みゆき考案
「おいしさを科学する」テイスティング

「生理」、「食文化」、「情報」のおいしさをテーマに、テイスティングを組んでみました。ぜひ、試してみてください。

「生理」的おいしさを感じるテイスティング①

■こんな時に／集中して講義を受けた後や、長時間、事務仕事をした後に（あまり暑過ぎない時期が望ましい）。

■用意するワイン／「2011新酒MINORI白」（720㎖）1100円（税込み）兵庫県／神戸ワイナリー

例えば、集中して講義を受けた後や、長時間、事務仕事をした後など、おそらく、のども渇いていて、心地よい疲労感があるだろうという考えの下に選んでみました。

これはシャルドネとリースリング、リースリングリオンから造られたワインです。あえて低温発酵にし過ぎず、少し温度を上げて、リースリングの爽やかさはあるけれども、ちょっと個性を出すような造りをしているそうです。少し残糖があり、酸は程よく、のどの渇きを癒す。少し甘口のものは、非常に疲れているときや集中した後には、おいしく感じるのではないかと予想しました。

伏木先生：確かに、渇いたのどにうれしい味ですよね。爽やかで。

「生理」的おいしさを感じるテイスティング②

■こんな時に／軽い運動をした後に。

■用意するワイン／「ルミエールペティヤン２０１１」（７５０㎖）２４００円（税込み）山梨県／ルミエールワイナリー　など、柑橘系の皮のような苦味のある甲州のスパークリング

伏木先生：水を感じる神経というのが、のどの奥の、飲み込む直前くらいのところにありま

す。上喉頭神経《じょうこうとうしんけい》というのですが、そこは水を見張っていて、塩水など濃い味のものに対しては応答しないのですが、真水や真水に近いものに対して、ぽーんと応答する。のどが渇いているのに対して、水が来たよという好ましい応答です。

ところが、その応答は真水よりも、炭酸水のほうがより強い。ビールはもっと強い。人間では実験できませんが、マウスとウサギではそういう結果です。そう考えると、のどが渇いたときに炭酸水が欲しい、あるいはビールが欲しいというのは、より「水を感じるもの」が欲しい。逆に甘い物や、うんとしょっぱい物は、食べてものどを通る気がしない。それは、その神経が「水が来たよ」ということをいってくれないから、おいしく感じない。のどの渇きを癒すという意味では、発泡性のワインというのは、ものすごく意味があるのです。

「食文化」のおいしさを感じるテイスティング

■用意するワイン／「ウインワイン白やや甘口」（１８００㎖）オープン価格　山梨県／北野呂醸造

一升瓶のワインは、かつて山梨県では栽培農家の人々に茶碗で飲まれていたワインです。もともと日本料理というのは、強烈な渋味や突出した甘味、またはハーブがものすごく効いていて強い香りがあったり、バターが入った濃厚な味わいだったりというような料理があまりありません。甲州ワインは、そうした食事になじむワインとして、山梨県で飲まれていました。

ブドウの品種は甲州種です。ワインの造りは極めてオーソドックスで、また、２００９年産を主体にして、少し甘さのある２０１０年産がわずかにブレンドされている。そのほのかな甘さも、やはり少しほっとする。香りが強かったり、渋味が豊富だったりというような主張がすごく強いワインではありませんが、ワインを飲み慣れている人は別として、日本人である我々にはなじみのある味わいといえると思います。

何より、甲州種からは、最も多くの日本ワイン（日本のブドウから造ったワイン）が造られており、日本人にとって、食文化的には、最もなじみのあるワインだと言えます。

伏木先生：口中の味を洗ってくれるような、そういう日本酒的な感じがするワインですね。たいていワインは、食べ物と競い合う。それに対して、日本酒はどんなものでもすべて、ざっと洗い流してくれる。そういう印象があります。でも、このワインは割と洗ってくれる感じがします。何にでも合いそうですね。

「情報」のおいしさを感じるテイスティング

■用意するワイン／パーカーポイント90点以上のボルドーの赤ワイン

これは2人以上で試してみてください。

始めはボトルを見せずに出して、下記のプロセスで、少しずつワインの情報を明かしていく。そうすることで、味わいの印象がどう変わるのかを体験してください。

①まず、ボトルを見せずに、グラスに注いだワインを出す。
②次に「これは、ボルドーのワインです」と伝える。
③最後に「このワインは、有名な評論家が90点以上の評価を付けました」と伝える。

始めに何の情報もない状態では、グラスのワインを、ただ赤ワインとしてみるでしょう。ワインの経験がある人は、何の品種かを推測して、その品種の割には、このワインはどうなのか？ を考えると思います。続いて、ボルドーのワインという情報を得る。この段階で、それではボルドーとしてどうなのか？ と判断していくことでしょう。そして、有名な評論家が90点を付けたという情報が入る。この三つのそれぞれの段階で、グラスのワインに対する印象がどう変わったかを感じてみてください。

伏木先生：私は、ワインはほとんど素人に近いので、とくに最後の「有名な評論家が90点以上の評価を付けました」というのを聞いて、安心しておいしいと思える（笑）。最初に飲んだときに「ああ、おいしいな、高いのだろうな」という感じがしたのですが、評価の話を聞いて、それですごく安心して「あ、おいしいですね」と言うのが、これは情報だなと思います。

もっと知りたい、

おいしさの話 Q&A

おいしさに関する素朴な疑問を
伏木先生に伺いました。

Q1 どこの国の人にもすすめられるおいしさというのは、存在するのでしょうか？　コーラ飲料や有名ハンバーガーチェーンのように世界中にあり、どこの国の人も好んで口にするような食べ物がありますが、これは世界共通のおいしさといえるのでしょうか？

A おいしさの中で、特ににおいに対する嗜好は後天的なものですから、においにクセのあるものに対しては、その国以外の人は違和感を持つことが多くあります。コーラ飲料も、ひどい味だと感じた時代がありましたが、長い時間をかけて、今日のように日本人に浸透してきたようです。世界に共通のおいしさというのは、甘味、油脂、うま味、適度な塩加減などがありますが、食材由来のにおいに対する違和感は多くのものにあり、誰でも慣れるまでは、多かれ少なかれ時間がかかります。ステーキやチョコレートのように、好ましい味覚が強いものは、好きになるのが早いと思われます。

Q2 明るいところで味わうときと、薄暗いところで味わうときでは、おいしさは変わりますか?

A 色彩や形などは、食べ物の重要な情報です。私たちは、食べ物を視覚的にとらえて、食べる前から、安全や栄養などの情報を得ています。したがって、薄暗い部屋では料理に対しての視覚的な情報が十分ではないので、時には非常に不安に感じることもあります。そこまでいかなくとも、おいしさが十分に感じられないことはあると思われます。

Q3 多様な食文化を取り入れている日本人は、おいしさに対する許容範囲が広いのでしょうか?

A どんな物でも、食べ慣れると好きになります。多種類の物を食べる文化の下では、許容範囲は広くなります。日本食は、ご飯を中心にして多種類の副食を食べるというのが基本ですから、許容範囲は広いはずです。

Q4 人種によって、味覚への反応には違いがありますか?

A 味覚の機能については、人種によって大きな違いはないと考えています。むしろ、その国の食の文化として、よく食べられている食材に対しては感覚が繊細になると思われます。日本人は、魚や米に対して、非常に細かい嗜好性を持っていますが、これは頻繁に食べるからだと思われます。これらは味覚の機能ではなくて、食体験の蓄積という脳の問題です。

Q5 なぜ年を取ったり、経験を積んだりすると、単純な味から複雑な味へと嗜好が変化するのでしょうか?

A 子どものころは、甘味や油脂やうま味のように、基本的な味わいに嗜好が集中しますが、酸味や苦味、渋味などは、大人になって安全に対する理解が深まってから、落ち着いて味わうことのできる味です。人間は本来飽きやすく、できるだけ違った味を求めていますが、この性質と、新しい物に対する違和感による恐怖のバランスで、複雑な物を受け入れるのに、ある程度の年齢が必要になると思われます。

Q6 一度やみつきになった味わいに対して、嫌いになることはできますか?

A 人間を含めて動物は、新しい物を食べた後に腹痛や吐き気などの中毒症状を起こすと、直前に食べた物を拒否するようになります。この傾向は、新奇な物やあまり嗜好性の高くない物に顕著です。やみつきになった物でも、ひどい中毒を起こすとやはり嫌いになりますが、新奇な食べ物に比べると、嫌悪からの回復は早いようです。

第四章　言葉で表現するためには？

ワインのテイスティングとは？

講 師

鹿取 みゆき

かとり・みゆき

フード&ワインジャーナリスト。東京大学教育学部教育心理学科卒業。新聞や雑誌など幅広い媒体で日本のワインを紹介する一方で、現場の造り手たちのための勉強会、消費者との交流の場をプロデュースするなど、多方面で日本ワインの発展に尽力。総説論文「日本におけるワインテイスティングについて」が日本味と匂学会誌 Article of the Year 2009賞を受賞。著書に『日本ワインガイド　純国産ワイナリーと造り手たち』（虹有社）。東京大学空間情報科学研究センター協力研究員。

日本のワインテイスティング事情

ワインやコーヒーのような飲み物、そして食べ物には数十から数百種類のにおい物質が含まれています。私たちが嗅いでいるにおいは、それら、たくさんのにおい物質の複合臭です。

ですから、誰かが

「このワインには、マンゴーのような香りがする」

と言っても、実物のマンゴーそのものの香りを嗅いでいるときと違って、その人がワインから感じているさまざまなにおいの中から、どんな香りの印象を指してマンゴーの香りと言っているのかは分からない。さらに、嗅ぎ分けようとしている「マンゴーの香り」と思っているもの自体も、実は4~5種類の香りが混ざっているもののようです。

つまり結局、「今のテイスターの人が言った香りは、多分、自分の感じている、この香りじゃないかな?」という、推察のレベルからなかなか出ることができない。確証が持てないというのは何とも、もどかしいと、私自身、ワインを勉強しているときに、何度も思ったものでした。

どうやってテイスティング能力を向上させるのか? あるいは、ワインをどのようにみていけばよいのか？　これはワインに興味を持った人ならば、誰もが行き当たる疑問でしょう。海外におけるテイスティング（官能評価）の訓練方法を調べてみると、日本における教育システムとは、あまりにも大きな違いがあることが分かりました。それから、たとえ同じワインをテイスティングしても、醸造家が述べるコメントと、ソムリエ、ワインスクール、ワインライターのコメントとの間には、かなり大きなギャップがあるとも感じています。

こうした状況が生まれてしまったのは、日本でワインが消費されるようになった過程や、ワインが飲まれるようになってからの歴史の浅さが、影響しているのではないかと思います。

ワインの消費量とワイン雑誌の創刊

１９７０年に開催された大阪万博のころから、日本でもワインが少しずつ飲まれるようになりました（**図42**）。その後、１９８７年のボージョレーワイン人気にも後押しされ、ワインの消費は順調に伸びていきます。さらには１９９５年、ソムリエの田崎真也さんが世界最優秀ソムリエコンクールで世界一になったことを受け、消費量は加速度的な伸びをみせ、１９９８年、日本のワインブームはピークを迎えます。

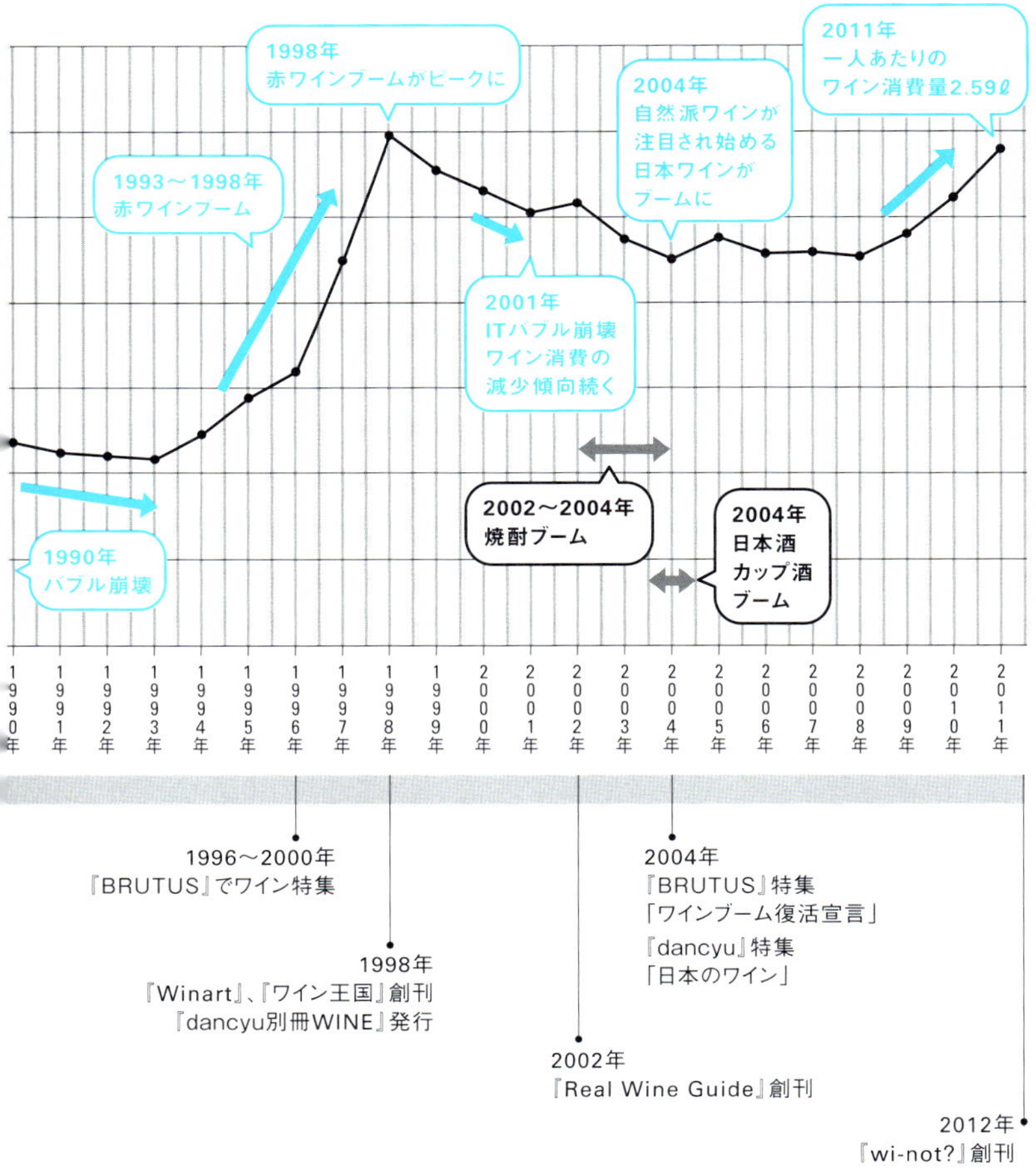

1998年
赤ワインブームがピークに
2011年
一人あたりの
ワイン消費量2.59ℓ
2004年
自然派ワインが
注目され始める
日本ワインが
ブームに
1993～1998年
赤ワインブーム
2001年
ITバブル崩壊
ワイン消費の
減少傾向続く
2002～2004年
焼酎ブーム
2004年
日本酒
カップ酒
ブーム
1990年
バブル崩壊
1990年
1991年
1992年
1993年
1994年
1995年
1996年
1997年
1998年
1999年
2000年
2001年
2002年
2003年
2004年
2005年
2006年
2007年
2008年
2009年
2010年
2011年
1996～2000年
『BRUTUS』でワイン特集
1998年
『Winart』、『ワイン王国』創刊
『dancyu別冊WINE』発行
2002年
『Real Wine Guide』創刊
2004年
『BRUTUS』特集
「ワインブーム復活宣言」
『dancyu』特集
「日本のワイン」
2012年
『wi-not?』創刊

図42 果実酒(ワイン)消費量の推移とワイン雑誌の創刊など

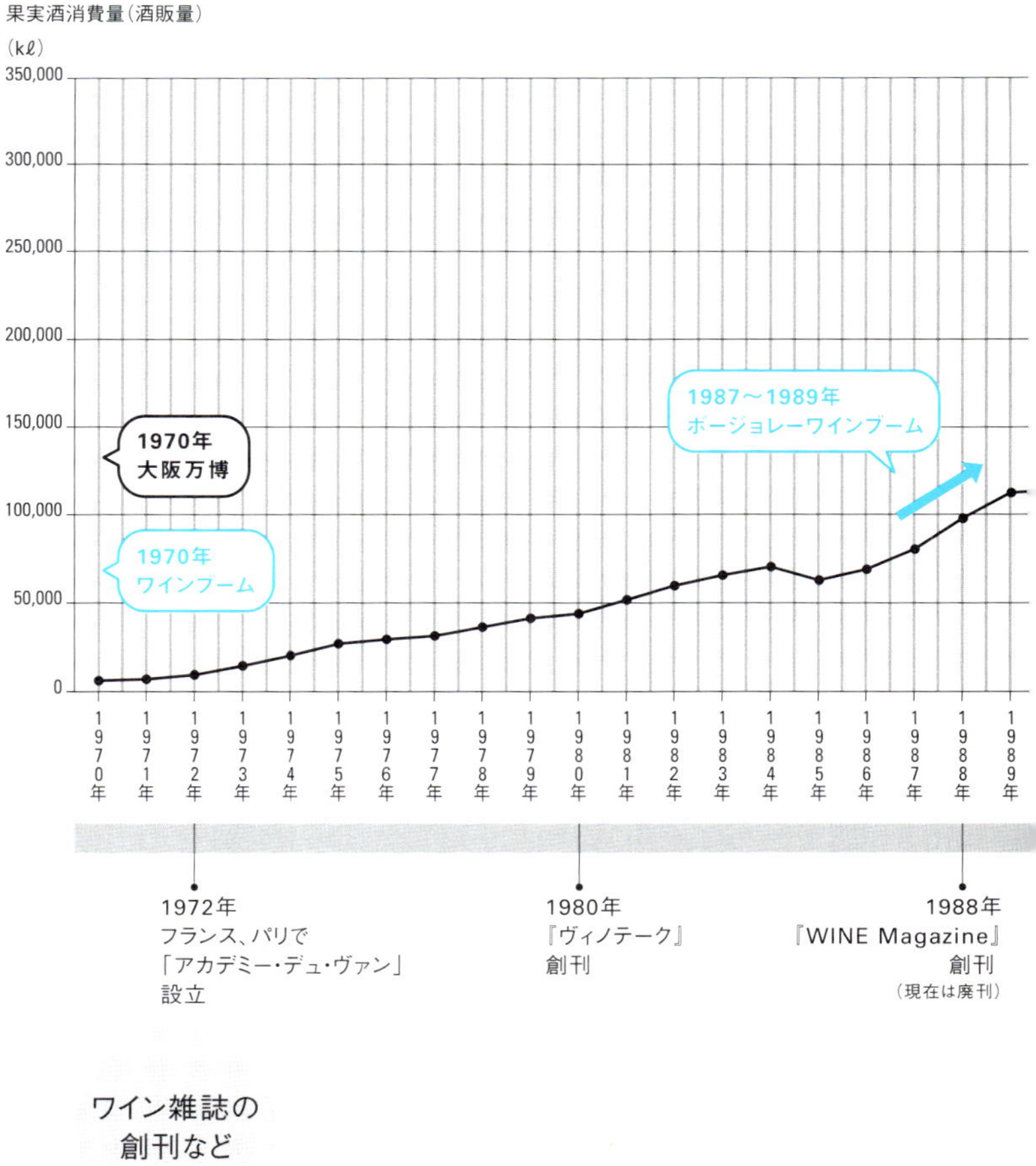

出典:国税庁「酒のしおり」より筆者作成
注) 果実酒の大半をワインが占めているため、本書では果実酒の消費量をワインの消費量として扱った。

その同じ年に、今も発刊され続けているワイン専門誌の『Winart《ワイナート》』（美術出版社）や『ワイン王国』（ワイン王国）が創刊されました。それ以前に『WINE Magazine《ワインマガジン》』（オータパブリケイションズ）というソムリエを対象にした雑誌がありましたが、これはすでに廃刊になっています。『ヴィノテーク』（ヴィノテーク）の創刊は、１９８０年で、おそらく現在も発刊され続けている日本のワイン雑誌の中で最も古いものですが、残念ながらあまり書店で見かけることはありません。

田崎さんの受賞の影響は極めて大きく、日本では「ソムリエ」という職業が注目されるようになりました。１９９６年以降、一般誌『BRUTUS《ブルータス》』（マガジンハウス）でも、続々とワイン特集が組まれるのですが、そこでワインを評価するのはほとんどの場合、ワインライターや評論家よりも、ソムリエたちでした。後で述べるワインに関連する資格についても、当初はソムリエという資格しか知られていませんでした。

その後、２００２年に『Real Wine Guide《リアルワインガイド》』（リアルワインガイド）が創刊、２０１２年には『wi-not?《ワイノット》』（メディアボーイ）が創刊されています。

このように、現在、出版されているワイン雑誌は『ヴィノテーク』を除き、ワインの消費量がピークになった以降に創刊されたものです。

しかし、日本におけるワインの消費量は、こうした媒体の存在にもかかわらず、なかなか増えていきませんでした。むしろ、2001年のITバブルの崩壊後、ワインの消費量は減少していきました。ワインを飲む人たちは、まだまだ一部の人間に限られているのです。ただし、この減少傾向は2009年以降、ようやく回復の兆しが見えています。2011年の一人あたりの果実酒の消費量は、2・59リットルまでに回復しています。

2000年以降の流れで指摘すべきは、自然派ワインといわれるワインと日本ワインが次第に注目されだしていることです。街中ではこうしたワインを取り扱うワインバー、バルがかなり増えました。それどころか、自然派ワインや日本ワインだけしか取り扱わず、それを店の個性として打ち出しているところもでてきています。

自然派ワインには明確な定義は今のところありません。しかし、一般的には化学合成農薬を使わない農法で育てたブドウを、自生酵母で発酵させたワインとされています。酸化防止剤、培養酵母、酵素などを極力使わないことも特徴として挙げられます。こうして造られたワインは、今までの醸造学では否定されてきたようなにおいを持つこともあります。

ワインに関連する仕事

ここで、ワインに関係する仕事について、日本の今の状況をみてみましょう。非常に多様な職業があることが分かります（**図43**）。

まず、ワインの製造に関わる人たちがいます。日本でワインが造られるようになって、約140年が経過していますが、つい最近までは、ワインの醸造のみに携わる**醸造家**が大半でした。英語でいう「ワインメーカー」がこれに当たります。そして最近では、日本においても、原料となるブドウ栽培からワイン醸造までを手がける**栽培醸造家**が、少しずつ増えてきています。ブドウ栽培に根ざしたワイン造りを目指す人たちで、彼らは「造り手」と呼ばれることもあります。フランスでは、このように自分で育てたブドウからワインを造り、販売する人のことを「ヴィニュロン」と呼んでいます。英語で「ワイングローワー」と称する人もいます。

そして、酒販店やデパートなどの**ワイン売り場で、消費者にワインを販売する人**たちがいます。まったくワインの知識がない人から、プロ級の知識を持つ人まで、さまざまな買い手にワインの味わいを説明する機会が多い仕事だといえるでしょう。

図43 日本におけるワイン関連の仕事

製造	栽培・醸造家
販売	酒販店 デパートなどのワイン売り場の販売員 輸入会社（インポーター）のバイヤー、営業
サービス	飲食店のソムリエ、ソムリエール ワイン学校講師（ソムリエ系、エキスパート系） ワインコーディネーター
メディア（プレス）	ワインライター ワインジャーナリスト ワイン評論家

日本の市場に出回っている半分以上が輸入ワインですから、海外のワインを輸入する業務を仕事とする**輸入会社（インポーター）**の人たちも、日本にはかなりたくさんいます。最近では、大手の会社ばかりではなく、個人が立ち上げた会社も増えています。

輸入会社の**バイヤー**は、輸入するワインを探し出し、その品質を見極めることが仕事になり、**営業**はそのワインの味わいを、客先である飲食店や酒販店、時には消費者に伝えることが主な仕事になります。バイヤーが営業を兼ねることもあります。

サービスに関連する業種も増えています。

まずは、ワインをレストランで顧客にサーブする**ソムリエ**や**ソムリエール**（女性の場合、ソムリエールと呼ぶ）。もちろん彼らは、どんなワインを購入するのか判断する必要もありますし、ワインの味わいを説明することも多いでしょう。今の日本では、ワインに関連する仕事の中では、最も注目されている業種かもしれません。

さらに、**ワイン学校講師**。1987年にフランスのワイン学校の分校として「アカデミー・デュ・ヴァン」が東京・青山に設立されたのを皮切りに、日本では、かなり多くのワイン学校が出来、ワイン学校講師なる職業が出現しました。ワインブームの直前から、突如として現れた職業といえるでしょう。

ソムリエなど、ほかの職業を主にしている人もおり、ワイン学校の講師だけで生計を立てている人は現状では多くはありません。ワイン学校では、海外のワインに関する知識や、ワインのテイスティングの仕方を教えています。ワインエデュケーターと自称する人もいますが、実際にアメリカで認定されるワインエデュケーターの資格を取得している人もいます。**ワインコーディネーター**は、いささか定義があいまいです。さまざまな飲食店のワインリストを作成したり、ワインを供するイベントやパーティをコーディネートしたりすることが多いようです。時には、ワイン講師のようなことをすることもあるでしょう。

そして、ワインブームの前後に次々と創刊された、ワイン雑誌などのメディアに寄稿することを仕事にしているのが、**ワインライター**、**ワインジャーナリスト**、**ワイン評論家**です。

この三つの職種の中では、ワインライターを名乗っている人が最も多い。文字通り、ワインに関する文章を書くことを職業としている人です。ワイン評論家は、独自の考えに基づき、ワインの味わいやワインそのものを評論する人。そしてワインジャーナリストは、ワインの味わいだけでなく、ワインを取り巻くさまざまな事柄を取材して、宣伝や広告をするのではなく、その「事実」を伝える人だと私は考えています。とはいえ、これらは区別が難しく、実際の仕事は、時として、かなりの部分で重なり合うことも多いのが実情です。

レストランでサービスをするソムリエだけでなく、こうしたさまざまな職業が成立するようになったのは、ワインについての情報を伝える業界のニーズ、そしてワインに関連する情報を必要とする人がいたからなのです。

日本におけるワインの資格

次に、これらの仕事における資格について見ていきましょう（**表44**）。

まず、醸造に関する資格には、**エノログ（ワイン醸造技術管理士）**と**ワイン科学士**の二つが挙げられます。エノログは、最近、日本のワインメーカーの中で、この名称を名刺に記している人を見かけるようになりました。

エノログという言葉は、フランス語で「醸造士」を意味しています。日本では、「一般社団法人 葡萄酒技術研究会」が2006年から、このフランス語のエノログという名前で、醸造士としての資格を認定することを始めました。目的はワインの製造、熟成、貯蔵に関する科学的、技術的知識を有する専門家の存在を知らしめるというものでした。

この後で述べるように、フランスでは国家が醸造士（エノログ）を認定しており、その資格はＤＮＯ《デーエヌオー》と呼ばれています（253ページ参照）。「国際エノログ連盟」という各国の醸造士たちの国際組織も存在し、日本の葡萄酒技術研究会のエノログ部会も同連盟の正会員です。

しかし、日本のエノログは、フランスの資格を念頭に作られたものであったにもかかわらず、フランスでエノログを取得するためのカリキュラムにあるような講座、官能評価の訓練はなく、さらに資格取得にあたって必要とされる試験のようなものはありません。

「ワイン醸造の現場での三年以上の実務経験」が条件ではあるのですが、この資格の取得のために、何らかのトレーニングが必修であるわけでもなく、ほかに「大学や高等専門学校でワイン醸造に関する単位を修得していること」や「同研究会の会員であること」という条件さえ満たせば、実質的には無試験で、資格が取れるというのが現状です。

これに対して、山梨大学が２００７年からスタートし、２００８年に一期生が誕生したのが、ワイン科学士です。

運営は、山梨大学と山梨県と山梨県酒造組合で、トレーニング後、試験に合格した人だけが取得できる資格です。試験に先立ち、山梨県でワインの製造に携わる人に対して、彼らが比較的、時間に余裕のある晩秋から冬の間に、集中的に訓練を行っており、全部で１２０時間のカリキュラムが用意されています。カリキュラムの内容は、ワインの発酵管理、貯蔵管理、マロラクティック発酵、抽出管理、ワインを醸造する際に関連する微生物について、ブドウの生理について、あるいは分子病理学、農薬化学、土壌についての学習、歴史、マーケティングまでと幅広いものです。

さらには官能評価、つまりワインのテイスティングの力を付けるための20時間の集中講座があります。筆記とテイスティングの試験では、それぞれ80点以上の成績をおさめることが必要とされているようです。

ＤＮＯの資格取得のためのカリキュラムが組まれているボルドー大学のジル・ド・ルベル教授という官能評価の専門家が、２００４年以来毎年、山梨県で開催される国産ワインコンクールの審査員を務めているのですが、ワイン科学士の官能訓練は、ちょうど彼の来日に合わせて開催され、カリキュラムもルベル教授のアドバイスを受けて作成、さらに授業自体もルベル教授が行っています（２０１３年のみ別の講師）。そういう意味でも、ボルドー大学やブルゴーニュ大学で行われているトレーニングシステムに近いものだといってよいでしょう。そのほかの授業の内容も、ＤＮＯの資格を取るための訓練内容と共通点が多いそうです。

ただし残念なことに、現在これを受講できるのは山梨県内のワイナリー勤務者と一部の修士課程の学生などだけです。例えば私が、この授業を受けたいと思っても、受けられないのです。あるいはソムリエがより正確なテイスティング能力を付けたいと思っても、この授業に通うことはできません。

私たちになじみのある**ソムリエ、ソムリエール、ワインアドバイザー、ワインエキスパート**は、「一般社団法人 日本ソムリエ協会」が認定する資格です。これらの資格取得のためのトレーニングと山梨大学での官能評価のトレーニングは、まったく違います。そこに共通点はほとんどないし、お互いにコミュニケーションできるような共通する語彙集があるわけではありません。こうした今の日本の状況は、非常に問題であると考えています。

ワイン雑誌や食の雑誌などに寄稿するライター、あるいは記者、テイスターは、「ワインライター」や「ワインジャーナリスト」、「ワインテイスター（ワイン評論家）」、「ワインエデュケーター」など、いろいろな職業名を名刺に入れるわけですが、これらの職業名についても法的な認証機関はありません。

ワインに関する仕事の資格を、能力をみて与えるということではなく、むしろ、これらの仕事に携わる人たちが、それぞれ独自の判断で職業名を考えて、名乗っているという状況が生まれているように感じています。どこかの組織や国が認定する資格でないならば、名乗るだけなら自由なのですから。

表44 ワインに関連する日本の資格

■製造に関する資格

資格名	内容	試験内容	認定機関
エノログ (ワイン醸造技術管理士)	一般社団法人 葡萄酒技術研究会がフランスのDNOのようなワインの製造、熟成、貯蔵に関する科学的、技術的知識を有する専門家の認定を2006年に設定。ワイン醸造の現場での3年以上の実務経験、大学や高等専門学校でワイン醸造に関する単位を修得していること、同研究会の会員であることが条件	試験なし (書類審査のみ)	一般社団法人 葡萄酒技術 研究会
ワイン科学士	講義の一部にはボルドー大学の官能評価の教授を招いて実施。2007年スタート。受講は山梨県ワイン酒造組合の推薦を得た、県内ワイナリー勤務者(栽培醸造担当者)などに限られる	講座を受講後、試験(筆記50%、実技50%)。官能試験あり(ブラインドテイスティングやオフフレーバーの試験)	山梨大学 (運営は山梨大学、山梨県、山梨県酒造組合)

■ サービス、販売、愛好家に対する資格

受験呼称	受験資格	試験内容	認定機関
ソムリエ	〈ワインおよびアルコール飲料を提供する飲食サービス業に従事している方〉 ・[一般]第一次試験実施日において、ワインおよびアルコール飲料を提供する飲食サービス業を通算5年以上経験し、現在も従事している方 ・[正会員]会員歴が3年以上あり現在も会員である方、かつ第一次試験実施日において、上記業務経験が通算3年以上あり、現在も従事している協会会員	筆記、デキュスタシオン(唎き酒)、サービス実技	一般社団法人日本ソムリエ協会
ワイン アドバイザー	〈ワインおよびアルコール飲料の輸入、販売等に従事している方〉 ・[一般]第一次試験実施日において、酒類製造及び販売、(コンサルタントなどの)流通業、アルコール飲料を含む飲食に関する教育機関における講師、列車内での販売などを通算3年以上経験し、現在も従事している方 ・[正会員]会員歴が2年以上あり現在も会員である方、かつ第一次試験実施日において、上記業務経験が通算2年以上あり、現在も従事している協会会員	筆記、デキュスタシオン(唎き酒)、口頭試問	
ワイン エキスパート	〈ワイン愛好家の方〉 ・ワインの品質判定に的確な見識をお持ちの20歳以上の方 ・職種、経験は不問 ・ソムリエ、ワインアドバイザー職種に就かれていて、受験に必要な経験年数に満たない方	筆記、デキュスタシオン(唎き酒)、その他	
シニア ソムリエ	・一般社団法人 日本ソムリエ協会認定のソムリエ ・ワインおよびアルコール飲料を提供する飲食サービス業に従事している方 ・ソムリエ資格取得後3年が経過し、ワインおよびアルコール飲料を提供する飲食サービス業を通算10年以上経験し、現在も従事している方	筆記、デキュスタシオン(唎き酒)、その他	
シニアワイン アドバイザー	・一般社団法人 日本ソムリエ協会認定のワインアドバイザー ・ワインアドバイザー資格認定後3年が経過し、ワインアドバイザー受験時の受験資格対象職務を通算10年以上経験し、現在も従事している方	筆記、デキュスタシオン(唎き酒)、その他	
シニアワイン エキスパート	・一般社団法人 日本ソムリエ協会認定のワインエキスパート ・ワインエキスパート資格認定後5年目を迎える方 ・年齢30歳以上の方	筆記、デキュスタシオン(唎き酒)、その他	

出典:「一般社団法人 日本ソムリエ協会　呼称資格認定試験概要」

フランスの資格

フランスの場合、国や国立大学が認定する資格があります（**表45**）。

こちらは「高等教育コース」と「生涯教育コース」の大きく二つに分かれています。日本人にとって比較的なじみがあるのが、生涯教育コースになります。ただし、高等教育コースのうち、大学が設置している資格取得コースは、日本人でも取得する人が出始めています。

生涯教育コースで取得できる**DUAD**《デュアッド》(Diplôme Universitaire d'Aptitude à la Dégustation des Vins) という資格は、名前を聞いたことがある方もいらっしゃることでしょう。ボルドー大学認定のワイン利き酒師の資格、「利き酒適性資格」です。ボルドー第二大学には、ワインに関連する仕事に従事する社会人を対象とした講座が開設されており、その授業を受けた後、試験に合格すれば、最終的にこの資格が取れることになっています。授業は、利き酒の能力をトレーニングすることを主としたものです。

日本では大手ワイナリーのメルシャンやサントリーに、このＤＵＡＤの資格を取っている人が、かなり多く見られます。もちろん、個人で取得した人もいます。ルベル教授によると、この資格を取得している人は、フランス人以外では日本人が最も多く、２０１３年現在、38

名の日本人がＤＵＡＤを取得しているようです（聴講のみで資格を取得していない人が数多くいるのも確かです）。

そして、マンズワインはさらに難関であるフランスの資格、**ＤＮＯ**《デーエヌオー》を取得している人が多い。こちらは大学が設置している高等教育コースになります。ＤＮＯはフランス語で「Diplôme National d'Oenologue」の略で、「フランス国家認定醸造士」という資格です。こちらは利き酒ではなくて、ワインを造る資格をフランス国家が認定しているものです。

授業は２年間で、しかもウィークデーについては毎日あります。フランスには、ボルドー大学やブルゴーニュ大学、モンペリエ大学など、栽培と醸造の学科を擁する国立大学があるのですが、それらの５つの国立大学において、２年間の授業を受けた上で、試験に合格すれば、資格を取ることができます。カリキュラムの内容は、醸造テクノロジー、醸造学、分析、テイスティング、栽培学、ブドウ生理学、微生物学といった、ワイン造りに直結することから、土壌学、地質学、法律、品質管理、経営学、さらにはワイナリーでの研修、および論文作成までが含まれます。極めて幅広い内容で、フランス人にとっても、この資格を取得することは簡単なことではありません。

表45 ワインに関連するフランスの資格

フランスの資格は、大きく二つに分けることができる。

❶高等教育コース(高校卒業後の進学コース。バカロレア合格者に限る)

高等教育は、それぞれの課程(専門内容)ごとに資格が認定される。つまり高校卒業時にバカロレアに合格後、日本の短期大学、教養課程に当たるBTS、IUT、DEUGなどへ進み、それぞれの資格を取得後、Licence(学士)、学士を修了後はMaitrice(修士)へと進学する。DEUG(一般教養)の段階では、専攻する学科は限定されず、その後、ワイン醸造、化学、農業など、さまざまな学科を選択できる。それぞれの高等教育機関が提供している専門内容は異なっている。例えば、ワインに関する高等教育コースは、ワイン産地にある学校には用意されているが、どの学校にもあるわけではない。

教育機関	コースの種類	期間
短期課程(高校)	BTS ベーテーエス (Brevet de Technicien Supérieur)	2年間
短期課程(大学)	IUT イーユーテ(Institut Universitaire de Technologie)	2年間
	DEUG デューグ(一般教養)	2年間
大学	Licence リソンス(学士)	DEUG以降
	Maitrice メトリス(修士)	〃
	DUA/DESS デーユーア/デス (博士に入るための準備コース)	〃
	Doctrat ドクトラ(博士)	6年以上
グランド・エコール	準備課程(2年)を経て、選抜試験に合格した者が入れる	

■日本で比較的知られているワインにまつわる資格

資格名	内容	期間	開講する教育機関
BTS ベーテーエス (Brevet de Technicien Supérieur)	高校が設置している短期課程コース(専門学校のようなもの)。栽培醸造に関する基礎などを学ぶ。BTS取得後、LicenceやDNOへの進学可能性もある	2年間	ボルドー、ボーヌ、マコン、カルカッソンヌなどの高校
DNO デーエヌオー (Diplôme National d'Oenologue)	大学が設置している国家資格取得コース。栽培・醸造・土壌・法律・マーケティング・研修・論文など多岐にわたる。上表では、Maitriceと同等	2年間	ボルドー、ブルゴーニュ、モンペリエ、ランス、トゥールーズの5大学のみ

❷生涯教育コース（社会人など一般向けのコース）

大学や全国各地の教育機関が提供するコース。

ワインに関する生涯教育コースは、ボルドー大学やブルゴーニュ大学などが日本ではよく知られている。

■ボルドー大学

コース名	内容	期間
DUAD デュアッド （Diplôme Universitaire d'Aptitude à la Dégustation des vins）	醸造学からのテイスティングコース （募集人数40名）	1年間 （週2日）
DUIO デーユーイオ （Diplôme Universitaire Initiation a l'Oenologie）	畑・ワインの知識や見解を深めるコース （募集人数25名）	1年間 （毎月1週間）

■ブルゴーニュ大学

コース名	内容	期間
DUTO デーユーテーオ （Diplôme Universitaire Technicien en Oenologie）	醸造においての専門知識を広げ、深めるコース	1年間 （週1日）
Diplôme Universitaire Vin, Culture et Oenotourisme	文化や歴史を学びながら、畑・ワインの見解を広げるコース	1年間 （毎月2日）
Diplôme Universitaire Science de la Vigne et Environnement	生理学・生物学・病理学・土壌・気象学や環境問題などを畑の視点で学ぶコース	半年間

■CFPPA（農業・職業専門学校）

コース名	内容	期間
BPA、BPREA ベーペーアー、ベーペーエールウーアー （Brevet Professionnel Agricole）	研修を多く取り入れながら、ワイン造り全般を学ぶコース	1年間
Brevet Professionnel Sommelier	研修を多く取り入れながら、ソムリエの技術を学ぶコース	1年間
CS セーエス （Certifica de Spécialisation）	研修を多く取り入れながら、ワインの販売を学ぶコース	1年間

（表組作成：佐々木佳津子）

現在、日本人でＤＮＯを取得しているのは、私が把握している限りでは、10名前後だと思います。例えば、マンズワインのソラリスシリーズの醸造責任者の島崎大さん（ボルドー大の利き酒適性資格は首席で取得）やリュナリスシリーズの醸造責任者の武井千周《ちひろ》さん。サントリーの登美《とみ》の丘ワイナリーの技師長の渡辺直樹さんなど。女性では、この講座でも講師になっていただいた、神戸ワイナリーで醸造を担当していた佐々木佳津子さん。佐々木さんは２０１１年春に同社を退社して、翌年に北海道函館市で、ご主人と農楽蔵《のらくら》という新しいワイナリーを設立しています。ほかには２０１１年に山梨県小淵沢町でドメーヌ・ミエ・イケノというご自身のワイナリーを立ち上げた池野美映さんなどがいらっしゃいます。

最近では、これら以外にも、ボーヌにある農業・職業専門学校の**CFPPA**《セーエフペーペーアー》で学ぶ日本人も増えています。この学校では、ワイン造りを学ぶコース、ソムリエの技術を学ぶコース、そしてワインの販売を学ぶコースの三つのコースが用意されており、コースと試験を終了後、例えばワイン造りを学ぶコースならば、**BPA**《ベーペーアー》（Brevet Professionnel Agricole）という資格を取得できます。日本のワイナリーで働く人の中には、このＢＰＡを取得している人も多いようです。

イギリスの資格

次はイギリスの資格、というより、正確にはイギリスに端を発した組織が認定している資格というべきだと思いますが、「Master《マスター》 of《オブ》 wine《ワイン》」という資格があります（**表46**）。マスター・オブ・ワイン協会が認定する資格で、取得が極めて難しいといわれています。

２０１３年７月の時点で全世界で３０４名（24カ国・男性２１４名、女性90名）の有資格者がいます。２０１１年にはイギリス在住の日本人が、日本人として初めて取得したことでも話題になりました（２０１３年現在、この資格を取得した日本在住の日本人はいません）。

マスター・オブ・ワインは世界的に有名なジャーナリスト、ジャンシス・ロビンソンが取得している資格です。資格取得者は圧倒的にイギリス人が多く、アジア人はまだ数えるほどですが、マスター・オブ・ワインの候補となる「スチューデント」にはアジアの5カ国から認定されています。マスター・オブ・ワインを目指す人は、協会が用意した研修プログラムを2年間受けるとスチューデントに認定され、はじめて受験資格を持つことになります。

この資格取得を目指して勉強している人は、日本にも数多くいます。でも、どちらかというと、この資格はイギリスのワイン商への資格としてスタートしたこともあり、マーケティング的な視点も色濃く反映されていて、ＤＵＡＤやＤＮＯとは、また少し違う資格だという印象を持っています。

「ジャパン・ワイン・チャレンジ」という、毎年夏に東京で実施されているコンクールの開催時には、このマスター・オブ・ワインを目指す人向けの講座が開かれています。このコンクールの審査員は、その講座を受講することが可能です。私も実際に授業を受けてみたのですが、ブラインドテイスティングをして、結論に行き着くための、論理の展開の仕方を身に付ける講座だという印象を受けました。

例えば、アルザスのリースリングの場合、「酸が際立っていて、ペトロール系の香りがあるから、多分リースリングだろう」、「その場合、フルーツが主体なのか？　それともミネラリーか？」というように話を進めていく。こう記せばポイントをもらえるよ、というようなことを講師の先生が述べる、やや予備校の授業のような感じで、ああ、ワインにも、こういう世界があるのかとかなり驚きました。

ほかに、イギリスに本拠を置く組織が認定している資格としては、ワイン＆スピリッツ教育財団（ＷＳＥＴ《ダブリューセット》）が認定する資格、またアメリカに本拠を置く米国ワインエデュケーター協会が認定する資格があります。

表46 ワインに関連するイギリス、アメリカの資格

■ イギリス

資格名	内容	試験内容	認定機関
マスター・オブ・ワイン（MW）（Master of Wine）	全世界で304名。1955年、イギリスのワイン商を対象に考えられた資格。「マスター・オブ・ワイン協会」の目的がワインビジネスの活性化であり、同国のマーケティングの視点を色濃く反映。1953年に初の試験が実施され、1955年に協会が設立された。 試験では、ワインに関する知識だけでなく、世界のワイン産業への理解を問う。分析能力、コミュニケーション能力、ワインビジネス全体を理解しているかどうかも見る。 協会が用意した研修プログラムを2年間受けた者だけが受験できる	試験は大きく3つに分かれる。 ①筆記（記述問題） ブドウ栽培、ワイン醸造、ワインビジネス、ワインの現状問題について、それぞれ3時間で論じる。翻訳者を付けることも可能。 ②試飲 12アイテムのワインのブラインドテイスティング（各2時間15分）を3パターン。英語のみの記述が求められる。 ③論文 ワイン産業に関する1万語の論文。テーマは受験生が選択可能。筆記と試飲に受かってから書き始める	マスター・オブ・ワイン協会（The Institute of Master of Wine）
WSET ディプロマ（Wine & Spirit Education Trust Diploma）	イギリス、ロンドンを中心とした、世界数カ国で、ワインやその他のアルコール飲料についての教育を実践している「ワイン&スピリッツ教育財団（WSET）」が認定。 初級・中級・上級の3段階がある。ワイン教育者、専門家を目指す人が取得する	初級は筆記試験のみ。 中級は筆記とテイスティング1種類。 上級は筆記（記述問題、マークシート）、試飲。 試験は6つのユニットに分かれている	ワイン&スピリッツ教育財団（WSET／Wine & Spirit Education Trust）

■ アメリカ

資格名	内容	試験内容	認定機関
SWE 認定ワインエデュケーター（Wine Educator CWE）	協会の会員であり、CSW合格が条件	筆記試験（4択問題）とエッセイ（日本語可）、テイスティング2種類、ワインプレゼンテーション	米国ワインエデュケーター協会（Society of Wine Educators）
SWE 認定ワインスペシャリスト（Wine Educator CSW）	協会の会員であることが条件	筆記試験（4択問題）	

ソムリエの表現

さて、話を少し戻します。

このように日本では、ワインに関するいろいろな仕事があることが、分かっていただけたかと思います。そして、それぞれの仕事の目的に応じて、テイスティングをしなければなりません。求められるテイスティング能力の質も、仕事の目的によって異なります。

例えば、ソムリエの人にとって一番大切なことは、消費者にワインの魅力を伝えることです。そのため、オフフレーバー（欠陥臭）を指摘して、それを発言する能力よりも、むしろ、そのワインがいかに魅力的であるか、いかに客に飲みたいと思わせるような表現でコメントするかが大切になってくるように思います。

そしてもうひとつ、今の日本のソムリエの人にとって重要なことは、国際ソムリエ協会（加盟国は50カ国）が主催する「A.S.I.世界最優秀ソムリエコンクール」の存在でしょう。このコンクールに出場するには、その前に、一般社団法人 日本ソムリエ協会が主催する「全日本最優秀ソムリエコンクール」で、優勝しなければなりません。優秀なソムリエは皆、世界一を目指しています。

A.S.I.世界最優秀ソムリエコンクールで使える言語は、フランス語、英語、そしてスペイン語。公用語を複数持つ国もありますし、異国で働いているソムリエもいるのが実情ですが、すべての参加者は母国語以外の言葉でコメントしなければなりません。2013年に実施された第14回では、優勝者のパオロ・バッソはフランス語を使いましたが、多くの参加者が英語を選択していたそうです。

歴代の優勝者をみると、第8回の田崎真也さんを除き、すべてヨーロッパの国々から参加したソムリエです（フランス6名、イタリア3名、日本、ドイツ、スウェーデン、イギリス、スイス各1名）。日本人にとって分かるようにコメントすることよりも、世界に向けてコメントする……といっても主にヨーロッパ文化圏の人にとって分かるようにコメントする必要があるのではないでしょうか？

でも、ヨーロッパに生えている植物、ヨーロッパで食べられている果物と、日本に生えている植物、日本で食べられている果物は違う。食文化が異なるわけです。

あるにおいを表現しようとしても、そのにおいを今まで嗅いだことがなければ、表現することはできません。私たちがにおいを表現するときに使う言葉というのは、今まで生きてきたプロセスで、嗅いだ経験のあるにおいを表している言葉です。

言い換えれば、それぞれ個人が持っているにおいを表現する言葉の数々は、実は私たちの生い立ちを表しているのです。自分の暮らしぶりが如実に出てしまう、本来そういうものなのです。

ヨーロッパの人に分かる言葉が、果たして、日本の一般の人に分かりやすいのかどうか？そうした言葉が、日本においての共通言語になるかどうかというと、食文化が異なるわけですから、そう一筋縄ではいかないことだと思います。

2013年の「第14回A.S.I.世界最優秀ソムリエコンクール」の日本代表かつ、グランメゾンである「トゥールダルジャン」（ホテルニューオータニ）のソムリエを務めている森覚さんに、どんな目的のためにテイスティングをしているのか、さらには、一体どんなトレーニングをするのかを伺いました。

話から受けた印象は、やはりソムリエにとっては、「ワインのサービス」が大きな位置を占めているのだなというものでした。

①このワインは、すぐにサービスしていいか？

（買い付ける際にテイスティングができるならば、そのワインが今すぐ使えるものなの

か、あるいはしばらく熟成させて将来使うものなのかを判断する）

②どんな状態（温度、グラス、合わせる料理など）でサービスするべきか？

③どんな説明をするべきか？

以上の三点はいずれもソムリエのサービスにおいて、大きな部分を占めるものでしょう。森さんがそのために、テイスティングの時に特に注意しているのが、「現在の状態をみること」と「将来を予測すること」だそうです。もちろん、サービスの前に、ワインの購入を決定するという大切な目的もありますが。

そしてもう一つ、森さんにとって大きな目的（というより目標でしょうか）は、世界最優秀ソムリエコンクールで優勝することでしょう。日々のトレーニングはもっぱらこの目的のためのようです。テイスティングコメントを記す際は基本的に英語（森さんがコンクールのために選んだ言語が英語だから）。またコメントは、次の三つを用意するそうです。

一つ目は、分析的な内容で、こちらはソムリエコンクールでのコメントを想定して、3つのキーワードを使って、3分間で話せる内容にしているとのこと（外観に20秒、香りに40秒、味わいに1分、そして結論に1分）。

二つ目は、キャッチフレーズコメントで、こちらは30秒。レストランの客にどんなワインなのかを説明する時に使うコメントです。とはいえ、人によっては、ワインの説明を聞く30秒も長いと感じる人もいます。そのため三つ目に、3秒のコメントも用意しておくそうです。例えば「すっきりとして、はつらつとしたワインです」というような短いコメントを。さらに興味を持った人には、30秒の説明をする。

森さんは、さまざまなテイスティング用語を、外観、香り、味わいごとに整理して使っていますが、その基本になっているのが、『田崎真也が明かすワイン味わいのコツ』と『続・ワイン味わいのコツ　ブルゴーニュ、ボルドー&ローヌ』（いずれも田崎真也著、柴田書店）。英語の表現方法は、WSETのテキストや、ジャンシス・ロビンソンのウェブサイト「JancisRobinson.com」や、雑誌『Decanter《デカンタ》』のウェブサイト「Decanter.com」を参考にしているとのこと。

興味深いのは、「テイスティング用語は多ければ多いほど良いものではないので、あえて、その数を絞り込んでいる」ということです。ある程度、限定された言葉を使ったほうが、コメントに一貫性が出てくるからです。当然、さまざまなワインの比較もしやすくなります。

またコメントに使う言葉については、田崎さんの本に載っているワインを買ってきて、実際にそのワインをテイスティングして、本のコメントと自分のコメントの擦り合わせをしながら、自分なりの尺度を作っていったとのこと。基本的に、色合いも香りもグループ分けをして、大きなグループから次第に細かい要素に分けて覚えているそうです。

日本のソムリエの人たちの間では、A.S.I.世界最優秀ソムリエコンクールで、日本人で初めて優勝して、現在、国際ソムリエ協会の会長をしている田崎さんを中心に、一種の共通の用語集が出来上がっているといえるのかもしれません。

スーパーのスパイス売り場、電車の中、コーヒー店などでも、森さんは、いつもにおいに気を配っています。そして「こうしたにおいがするのはどうしてだろう?」と考えるようにしているそうです。森さんにとっては、あらゆる場所がにおいのトレーニングの場になるかのようですね。

テイスティングをする際には、タブレット端末にメモをしているそうです。その後、テイスティングコメントはリライトされ、国別、産地別にシステマチックに分類され、タブレット端末、スマートフォン、そしてパソコンで共有して、どの機器からもすぐに引き出せるようになっています。コメントだけではなく、テイスティング用語、予想問題、実技の動画など、すべてが分類されています。実際にその一部を見せてもらいましたが、あまりに整然とした分類の仕方に驚きました。それが頭の中に入っているのかと思うと、本当に驚きです。これらの方法は、テイスティング能力を身に付ける上で、参考になることが多いのではないでしょうか？

醸造家の表現

一方、醸造家にとって、テイスティングで一番何が大切かというと、ワインが健全かどうかを、見極めることだと思われます。これがワインとして売り物になるかどうか？　味わいというよりも、欠陥とその原因を見極めることが非常に大切になります。

そのために、オフフレーバーを嗅ぎ分ける能力が重要です。さらに、それがどのような醸造過程において発生してしまったのかを、推察することが大切になるのです。

ですから、醸造家たちとテイスティングをしていて気付くのは、

「酢《さく》エチが強い」

「メトキシが強い」

というふうに、オフフレーバーだけが、頻繁に化学物質名で出てくることです。

メトキシ（正式な名称はメトキシピラジンというにおい物質）は、ブドウが完熟しなかった場合に、赤ワインの、特にカベルネフランやカベルネソーヴィニヨンのワインによくみられる香りです。酢エチ（酢酸エチル）は、ワインの醸造中に何らかの問題があったときに出てくる香り。そういうオフフレーバーだけ、専門用語で出てくることが多いのです。

逆にいえば、「ミルティーユ(八)の香りがする」、「ヴェルヴェンヌの香りがする」、なんていう言葉は、まず、彼らから聞くことはありません。そして一方で、ソムリエから「メチルメルカプタンの香りがする」、「これはメトキシが強い」というコメントを聞くことは、ほとんどないでしょう。むしろ、「スパイシー」とか「これは少し清涼感を感じる」とか、違った言葉が出てくるのです。

（八）ミルティーユはフランス語でブルーベリー。ヴェルヴェンヌは和名をクマツヅラという植物で、フランスではよくハーブティーにも使われる。

メディアの表現

そして、ワインライターやワイン評論家がテイスティングコメントを書くときには、消費者にワインの魅力を伝えることも大切なのですが、ワインを評価することも大切になってきます。そうすると、時には否定的なことも、しっかりと指摘する必要も出てきます。

ただし、そうはいっても、「青臭い香りがする」とか、「果実味がやせている」とか、ネガティブなテイスティングコメントは、なかなか載せにくいというのが実情です。

ここで、海外のジャーナリストたちが、どのように表現しているのかを見てみましょう。

図47は、同じワインに対して３人のテイスターが評価しているものです。ワインは、「CHATEAU《シャトー》 BRANE《ブラーヌ》-CANTENAC《カントナック》 2008」。典型的なボルドーの赤ワインの一つです。このコメントを、私は非常に興味深く見ましたが、皆さん、何か気が付くことがあるでしょうか？

私はまず、香りについて書いてある部分と、味わいについて書いてある部分と、全体的な印象について書いてある部分とを色分けしてみました。

あくまでも、この例における比較ですが、どちらかというと、香りについてのコメントが、より多いのが分かります。

それから驚いたのは、タンニン（渋味）そのものについての記述がないことです。

とりわけボルドーの赤ワインの場合は、タンニンの量や質は、味わいにおける重要な要素で、「タンニンが溶け込んでいる」とか、「まだタンニンが粗い」とか、そういう表現が出てきそうなものですが、そうした具体的なコメントが特にない。とても面白いと思いました。

図47 海外のワインジャーナリストのコメント比較

CHATEAU BRANE-CANTENAC 2008

Robert Parker

Issue: #194 May 2011　Rating : 92
Drink : 2011-2026

This stunning, evolved, dark plum/ruby-hued 2008 reveals aromas of forest floor, sweet black and red currants, licorice and roasted herbs. Classic, elegant and medium to full-bodied, it provides a sexy, complex, intellectual as well as hedonistic turn-on. Drink this delicious Margaux over the next 12-15+ years.

(Wine Advocate)

Wine Spectator (James Molesworth)

Issue : Mar 31, 2011　Rating : 87

Tangy and fresh, with lilac and red currant flavors laced with sweet tobacco and a lively iron note on the finish. Drink now. Tasted twice, with consistent notes. 11,000 cases made.

(Wine Spectator)

Jancis Robinson (Julia Harding MW)

Date tasted : 19 Oct 2010　Rating : 16.5
Drink : 2012-2020

Cedary cassis nose with a touch of vanilla. 18 months in 60% new oak. 70% Cabernet. Sweeter and more gentle on the palate than I expected.

(JancisRobinson.com)

香りについて見てみると、「red currant《レッドカラント》（アカスグリ）」というのは、共通性があります。一番上のロバート・パーカーのコメントは、いかにもパーカーらしいという感じですが、とても香りの要素が多い。

sweet black and red currants, licorice and roasted herbs.
クロスグリやアカスグリの甘い香り、リコリス（甘草）や炙《あぶ》ったハーブの香り。

と香りについて、四つも要素を挙げています。その後、味わいについて書いていますが、

elegant and medium to full-bodied, it provides a sexy, complex, intellectual as well as hedonistic turn-on.
エレガントでミディアムからフルボディ。陶然とさせられるだけでなく、セクシーで、複雑で、知的なワインである。

と書いている。「知的なワイン」とは、割と抽象的な言葉ですね。

次の『Wine Spectator《ワイン・スペクテイター》』のコメントを見てみると、ほとんどが香りについての記述です。

Tangy and fresh, with lilac and red currant flavors laced with sweet tobacco and a lively iron note on the finish.

強い香りがあって、ライラック、アカスグリ、甘いタバコ。かなり鉄っぽい感じがする。

味わいについては何もコメントがない。

最後はジャンシス・ロビンソン、これは実際には、助手が書いているのですが、短いけれども端的で、意外に情報量がある。口中でのテクスチャーについてまで述べている。

Cedary cassis nose with a touch of vanilla. 18 months in 60% new oak. 70% Cabernet. Sweeter and more gentle on the palate than I expected.

わずかにバニラのニュアンスを持っており、スギの風味が感じられ、カシスの香り。新樽率60パーセントで、18カ月間、樽で熟成されていて、カベルネソーヴィニヨンが全体の70パーセント。香りから予想したよりも、口中では甘みが感じられる、優しい味わい。

テイスティングの仕方として、一般的には、コメントはまずは外観を述べて、次に香り、そして味わいというふうに記していくべきだと思われがちですが、こうして比較してみると、実際には、ばらつきがあることに気付きます。

日本人のコメントの特徴

一方、日本のワイン専門誌『Winart《ワイナート》』に掲載されているテイスティングコメントを見ると、日本人のテイスターのコメントは、海外のものに比べて、香りの表現のバリエーションが非常に多いことが分かります。

例えば、ピノノワールのワインのコメントで、同様に樽熟成させたものならば、それらのコメントに、多少なりとも、共通性があってもおかしくはないと思うのですが、テイスターによっては、それぞれのワインに対する香りの例えが、すべて違うこともある。

そこで、実際に『Winart』のバックナンバーで、二人のテイスターがシャルドネ、ソーヴィニヨンブラン、リースリング、メルロ、ピノノワール、シラーのワインについて、どのような言葉で、香りを表現しているかを調べたことがあります。

すると同じシャルドネのワインでも、フルーツ系の香り、植物系の香り、そのほかの香りの表現があり、香りを表す言葉は、やはり、かなりバリエーションが豊富なことが分かりました。もっといえば、ワイン雑誌のコメントには、ワインの教科書などに記載されているような用語とは、異なるものが挙げられることが多かったのです。

私はシャルドネの香りとして、ワインの教科書などにあるようなレモン、メロン、洋ナシ、白桃が多く挙がってくるだろうと予想していました。でも、一番多かったのは、リンゴや青リンゴ、そして意外なことに、トロピカルフルーツのパイナップルでした。

同じ品種で造られた複数のワインを紹介する際、それぞれの説明に違いを出そうと、あえて表現する言葉を変えてきた結果なのかもしれません。また雑誌の方針もあるかもしれません。ただしこれは、２００９年当時の調査です。この雑誌のテイスターも、そのころとは若干変わっているので、また違った結果が出てくる可能性はあります。

もうひとつ、日本人のテイスティングコメントの傾向として、擬態語がよく使われることも指摘できます。私自身もつい使ってしまう。「ピチピチしている」とか、「むっちり」とか、使いますね。

「むしろ言葉を標準化して、ワインの比較ができるようにしたほうがいいのでは？」と醸造家にも指摘を受けたのですが、擬態語に関しては、一般の人にワインの特徴を伝えるときには、使ったほうが伝わるのではないかと思っています。ただし、擬態語以外については、共通して使える言葉を使って、比較しやすくなるように心掛けています。

テイスティングは記憶の再認行動

テイスティングの際に、人は五感を総動員してワインを判断しています。視覚、味覚、嗅覚、触覚、ある場合は、聴覚さえも連動している。

視覚：色の濃さ、色調、粘性、清澄度、表面のゴミ
味覚：味わいの質、強さ、特徴
嗅覚：香りの質、強さ、特徴
触覚：粘性、収れん性
聴覚：泡立ちの音

そしてその時に、記憶の再認行動をしていると私は考えています。
例えば、今ワインの中にある香りが、アールグレイのような香りであったなら、かつて自分が嗅いだことのあるアールグレイの香りを思い出して、ワインの中の香りと同じだと認める。自分の記憶の中にあるアールグレイのような香りを再認している。ですから、アールグ

レイを嗅いだことがない人には、何の香りか分からないわけです。

においを嗅いで、ただ感じているときは、なんとなく頭の中でモヤモヤとしたものがある状態で、それが何であるかということを言葉にしていない。嗅いでいる物のにおいを、その都度、別の物に例えて表現するという習慣は、普通ありません。

だからよく、ワインを飲み慣れていない人に「このワインは、何のにおいがしますか？」と聞くと、

「ワインのにおいがする」

という答えが返ってくることが多いのです。

けれども、においを別の具体的な物に例えると、その物の名前とにおいの印象を一緒に記憶することができる。「このにおいは、アールグレイ」と命名して初めて、過去に経験した「においの語彙」として蓄積され、次にワインに同じにおいを感じたときに、においの再認がしやすくなるのではないかと思っています。

テイスティングで大切なことは何か?

以前、ボルドー大学のルベル教授にメールで、「テイスティングで大切なこととは、何ですか?」と質問したところ、次のような回答をいただきました。

「ワインを表現するには、とにかく自分のにおいのデータバンクを確立することが大切だ」

まずは、においを例える語彙が多いほうが、再認する手掛かりも増える。それを、ルベル教授は「ワイン表現のためのデータバンク」と仰っていました。

①においを表す言葉のデータバンクを作る

においを覚えるときには、実物の果物、野菜、ハーブなどのにおいや味わいと、それらを表現する的確な言葉をペアで覚えることが重要です。つまり、ワインの中にモモのような香りをみつけて、その香りを覚えるのではなく、モモだったらモモという実際の果物とにおいを覚えるということです。日本のソムリエの中には、厨房やスーパーで、片っ端から食材のにおいを嗅いで、さまざまなにおいを記憶していったという人もいます。

ちなみに、ボルドー大学やブルゴーニュ大学で、こうしたデータバンクを確立するための訓練を、どのように行っているかというと、水に溶かしたさまざまなにおい物質を嗅いで、においの特徴とにおい物質名をセットにして徹底的に覚えていくのだそうです。そうすることで、においを表す的確な言葉を習得して、データバンクを充実させていくのです。的確な言葉を持たずして、においについて語ることはできないというわけです。

②真似をして覚える

また「信頼できる指導者と一緒にテイスティングをして、真似をして覚えることも大切だ」とルベル教授は仰っています。味わいに比べれば、はるかに種類が多く、時によっては一つの飲み物に数百種類が含まれているというにおい。独学で覚えるより、信頼できる指導者がどんな香りを何と表現するかを真似するほうが、効率もいい。誰かが「バナナの香りがする」と言うのを聞いて、そういえば、バナナの香りがすると分かる、という経験がある人もいるのではないかと思います。真似をして覚えることはテイスティング力アップに効果的です。

③文脈の中で覚える

そして「獲得した言葉を文脈の中で覚える」ことも重要です。これはどういうことかというと、例えば、熟したモモの香りを覚えるとき、初めから「熟したモモの香り」というように、細かいモモの状態まで含めて覚えようとするのではなく、まずは「果物」と、おおまかなカテゴリーを覚え、それから次はもう少し細かく、果物の中でも甘さを感じる「核果類」、そして今度は、さらに少し細かく「モモ」、モモの中でも「熟したモモの香り」というように、記憶の階層構造を作るのです。

これはすべての記憶についていえることだと思いますが、細かいものを一つ一つ覚えるよりも、大きな文脈、言い換えれば、カテゴリーの中のものとして覚えたほうが忘れません。

④苦手分野を知る

また、人によって嗅覚や味覚の感度は違います。ボルドー大学の訓練では、においの濃度を徐々に上げていくそうです。甘さについても、はじめは甘味が微量しか入っていない物を試して、少しずつ量を増やしていって、どの量で自分が分かるかという最小量を知るようにします。これを閾値、心理学では刺激閾、あるいは絶対閾と呼びます（ただしこのような、甘味を「感じた」、「感じない」という境目の値は変動するものなので、通常は統計的に50パーセントの確率で感じたとされる値を閾値としています）。

この閾値は、テイスティングをするときの条件、する人の状態によって異なり、そしてもちろん、個人差があります。個人差があるために、周囲の人の閾値と比べて、自分の閾値が高いのか、低いのかを知っておくことは、テイスティングをする際に役立つはずです。そういう意味で、自分の苦手分野を知るということは、とても大切だといいます。

ほかに、テイスティング力を身に付けるポイントとして、あと二点を挙げておきます。

⑤グループ内で共通する語彙を持つ

一つは、一定のグループ内でテイスティングすることが多い場合、共通で使える語彙を持つことです。ワインの評価を共有するためには、自分だけが分かる言葉ではなく、そのグループ内で理解できる言葉を使う必要があるのです。

⑥日々の積み重ねこそ大切

テイスティング力がアップするのは、学習の成果です。近道はなく、日々の積み重ねによって、表現の語彙も増え、においがどのカテゴリーの何という物に似ているのか、判断しやすくなるはずです。つまり、毎日、あるいは定期的な訓練が大切なのです。

においについてコメントできるのは、再認できる記憶、語彙をどれだけ持っているかによります。ただし、日本において、これらの語彙に互換性はあるのでしょうか？　擦り合わせはできているのでしょうか？

海外の訓練法

ボルドー大学やブルゴーニュ大学の醸造士の資格取得コース、カリフォルニア大デーヴィス校のブドウ栽培および醸造家コースでは、官能評価に関するカリキュラムが用意されています。これらのコースに入り、カリキュラムを学んだワインメーカーたちに、実際に受けた訓練内容についてアンケートを実施しました（２００９年、２０１３年の二回実施。**図48**）。

ボルドー大学では、50種類以上のにおいを、実際の化学物質を使って訓練しているそうです。一方、ブルゴーニュ大学では、その数は１２０種類。「三点識別法」といって、あるにおいを一つの水溶液に混ぜて、ほかの二つには入れずに、それらを嗅いで、においを覚えていくそうです。その際に果物や植物も用い、化学物質との嗅ぎ比べなどもしています。実際の果物や植物を使ったほうが、記憶にも残りやすいようです。

アメリカのデーヴィス校は、テイスティングの授業はあるのですが、フランスのように120種類ものにおいを覚えるというような訓練はしていません。においの習得というよりは、むしろ、評価の方法を覚えることを目的としているそうです。そして、これはアメリカらしいなと思うのですが、個人独自の表現を伸ばすことを大切にしている。また興味深いのが、ワインに含まれている物質を化学的分析で導き出し、個人が判別できたにおい物質と擦り合わせて、そのずれを認識することで、それぞれの評価を安定化させようとする取り組みです。

ちなみに、こうした海外の訓練と共通性がみられたのが、日本の調香師やフレーバリストの訓練です。調香師は、さまざまなにおい物質を混ぜ合わせて香水を作る仕事をする人、フレーバリストは、食品に付ける香りやその配合を考えるような仕事をしている人たちです。

彼らの場合、入社して最初の2年間は、徹底的に、においを覚えさせられるそうです。そして、まず200種類ぐらいのにおい（におい物質）を覚える。あるフレーバリストの方が「自分がにおいをイメージできるのは、1000種類くらいになるのではないか」と仰っていたのですが、その数たるやすごいものです。やはり、それだけの訓練をしています。

重要なのは、フランスでの醸造士の訓練や、フレーバリストになる訓練を受けた人同士は、同じにおい物質で訓練しているので、共通の言葉を持てるということです。

図48 ●DNO取得のための訓練方法①
ボルドー大学のDNO取得者に聞く

■取材先

島崎 大さん（マンズワインソラリス醸造責任者。1987 ～ 1989 年ボルドー大学）
渡辺 直樹さん（サントリー登美の丘ワイナリー技師長。1992 ～ 1993 年ボルドー大学）

Q1 ボルドー大学では、どんな味、においを学んだか?

①味の種類

基本の甘味、酸味、苦味、渋味の 4 種類。

甘味	グルコース（ブドウ糖）、フルクトース（果糖）、サッカロース（しょ糖）、アルコール（糖ではないが、重要な甘味成分）。4 つの甘味は、同じ濃度でみても感じ方が違う。
酸味	ブドウ由来の酒石酸、リンゴ酸、クエン酸と、発酵由来の乳酸、酢酸、コハク酸の 6 つの酸。酒石酸、リンゴ酸、クエン酸、酢酸は、同じ濃度でみても感じ方が違う。コハク酸は、酸っぱいとすら思わない。それぞれ、濃度と味の感じ方との関係、他の味成分との関連、ニュアンスの違いも知る。それぞれの味に対する自分の閾値を知り、かつ、その閾値を低くする努力をする。ただし、同じ濃度でも自分のコンディションによって感度は変わる。

②におい（におい物質）の種類

単体のにおい物質（化学物質）と天然のにおいを合わせて 50 ～ 100 種類程度。個々のにおい物質がどんな特徴を持つのかを知る（例:ヘキサノールという物質が草の汁のような香りがすることを、各人が確認する）。さらに毎回、それまでに修得したにおいを溶かした水溶液が配られて、修得したにおいを復習する（濃度を変えることもある）。

③訓練方法

・三点識別法：1 つだけ違う物を他の 2 つと識別する方法。
・におい物質の濃度が異なる物を 5 種類作って、どの濃度で識別できるかを知る方法（大学側は、そのデータを集め、におい物質の閾値を設定する研究につなげている）。
・アロマホイールは紹介程度。

④オフフレーバーとそうでないフレーバーを区別して学んだか?

区別して学ぶ。ただし、物質によっては、ある濃度までは好ましい、あるいはオフフレーバーとまではいえなくても、その濃度を超えるとオフフレーバーとされるものがあることも学ぶ。またこの基準が、地域や時代で変わることが重要であるということも学んだ。

Q2 ボルドー大学での訓練の条件は?

時間帯	午前中の終わり(11時ごろ)。この時間帯が、においに最も敏感という考えに基づく。
訓練の時間	1時間～1時間半
場所	においがなく(香水や喫煙は厳禁)、静かで、適切な照明で、他人と隔離されている場所(首をかしげる、振るなどの仕草も評価に影響が出るため、ボルドー大学の試飲室の席には仕切りが設置されている)。
試飲の量	INAO規格のテイスティンググラスの1／3～2／5杯
口に含む量	10mℓ
試飲の種類	ワインの性格を詳述するような場合は、せいぜい一度に10種類程度が限界。あるレベル以下か、以上かの判定や、欠点の有無などだけなら、60～70種類くらいは可能。

Q3 現在の仕事にどう生かされているのか?

あらゆる局面で生かされている。官能検査はワイン造りにおいて、最も大切な部分を占める(島崎さん)。

テイスティングにおいて、時間を追ってワインを表現することが当たり前になり、今もそのようにワインをみています。そうすることで、ワイン造りにおいて、狙いとするスタイルや味わいを、より立体的に造り込めるようにしています。現在は、複数のワインメーカーでテイスティングをして、その特徴を表現する用語と意味合いを共有しています(渡辺さん)。

●DNO取得のための訓練方法②
ブルゴーニュ大学のDNO取得者に聞く

■取材先

佐々木 佳津子さん（農楽蔵オーナー兼栽培醸造責任者。2006 ～ 2008 年ブルゴーニュ大学）

Q1 ブルゴーニュ大学では、どんな味、においを学んだか？

①味の種類

甘味、塩味、渋味（苦味）、酸味、うま味の5種類。

甘味	グルコース（ブドウ糖）、フルクトース（果糖）、サッカロース（しょ糖）、アルコール（糖ではないが、重要な甘味成分）、その他の甘味成分。
酸味	ブドウ由来の酒石酸、リンゴ酸、クエン酸と、発酵由来の乳酸、酢酸、コハク酸の 6 つの酸。
塩味	塩化ナトリウムの強弱。
渋味	渋味（タンニン）と苦味でひとくくり。ブドウ由来のタンニン（皮由来、種由来）、樽由来のタンニン、その他由来のタンニン（ノワゼット系：ワインの処理剤として使用されるタンニン類）。
うま味	グルタミン酸の強弱、塩化ナトリウムと区別する訓練も実施。

②におい（におい物質）の種類

約 120 種類程度。ベースはル・ネ・デュ・ヴァン（Le Nez du Vin）※を使用。実際の果物や植物と、ル・ネ・デュ・ヴァンを嗅いで、擦り合わせも実施した。実物と合わせて覚えるほうが、記憶にも残りやすい。さらにそれまで修得した 10 ～ 20 種類のにおいを嗅げるサンプル瓶（におい物質を希釈した水溶液などを染み込ませた綿が入っている）で、修得したにおいを毎回、復習する。

※ル・ネ・デュ・ヴァン：フランスの著名なワイン鑑定家ジャン・ルノワール氏が研究開発したワインの複雑なブーケ（香り）を嗅ぎ分けるトレーニング用の香りのエッセンス。洋ナシ、リンゴ、コーヒー、クルミ、バターといった香りが用意されている。

③訓練方法

・三点識別法：1 つだけ違う物を、ほかの 2 つと識別する方法。
・二点識別法：2 つのうち特徴の強い物を識別する方法。
・それぞれ異なるサンプルの識別。

④オフフレーバーとそうでないフレーバーを区別して学んだか?

区別して学ぶ。通常のフレーバーは、年間を通して訓練したが、オフフレーバーについては、座学の授業の中で、一定の期間で訓練した。

Q2 ブルゴーニュ大学での訓練の条件は?

時間帯	主に午前中。午前中の場合は 10 ～ 12 時、午後の場合は 14 ～ 16 時。週 2 回（初年度は週 1 回）。
訓練の時間	通常の授業が 1 コマ 2 時間であるのに対して、テイスティングの授業は主に 1.5 ～ 2 時間程度。
場所	試飲室
試飲の量	INAO 規格のテイスティンググラスを使用。グラスでの試飲量は常に一定、おそらく 50mℓ。

Q3 現在の仕事にどう生かされているか?

ワインを造る全ての工程（ブドウ、果汁～ワイン、商品）において、テイスティングによる知見は明らかに広がった。味をみることはもちろん、香りでの判断がより明解になっている。工程により出現するにおいの違いも判断できるようになった。

以上のことで、醸造学的に不適切とされるにおいが生じた場合に、迅速な対応が可能となっている。また、においによって、先々にどんなことが生じるのか、ある程度予想できるようになったため、過度な処理を避けることにも繋がっている。

ときには、においだけで、ある程度判断できることもあるので、タンクや樽の管理がしやすい。時間の節約にもなっている。

商品の香りを説明する際に、1 つだけでなく、2 ～ 3 の違う言葉で表現することで、消費者の理解をより得やすくなった（例：柑橘系の皮の香りを「ミカンの皮をむいたときの手のにおいや、カボスを搾ったときの手のにおい」と表現）。

●アメリカでの訓練方法
カリフォルニア大学デーヴィス校のブドウ栽培、醸造学科修了者に聞く

■取材先
相沢 かほるさん(V&E アドバイス主宰。2006～2008 年カリフォルニア大学デーヴィス校)

Q1 カリフォルニア大学デーヴィス校では、どんな味、においを学んだか?

特定のにおいや味の修得訓練はない。官能評価の授業自体はあるが、分析法や評価法などの、においを分析する手段の修得が目的。

ただし、テイスティングのためのさまざまな表現については、学校で用意したプロフェッショナル用の教本を各自が参考にする。アロマホイールを参考にするかどうかは、各自の判断に委ねられる。ただし毎回、授業の最後に、教授が選んだにおいをブラインドで嗅いで、自分で確認する訓練を繰り返す。

また、ワインに含まれているにおい物質を化学的分析で導き出し、同じワインから個人が導き出したにおい物質の数や傾向との擦り合わせをしている(各自がそのずれを認識することで、評価の安定化を図る)。

学校が用意しているにおいのキットを使ったり、スーパーで売っているハーブやドライフルーツを各自が持参したりして、香りを確認する機会もあった。

訓練はにおいが中心※。

※訓練はにおいが中心:21 歳以下の学生は、授業であってもワインを口に含むことができないので公平を期するため。またこうした一連の授業は、データの収集も目的としており、ワインを口に含んだ者とそうでない者がいると、統計データとしては使えないことも理由の一つにある。

①訓練方法(識別の方法)

基本的に訓練はない。識別の方法としては「Difference Test」といって、フランスの三点識別法や二点識別法に当たる手法を使った。三点識別法のほうが、信頼性が高いとみなされ、使用する頻度も高かった。

Q2 カリフォルニア大学デーヴィス校での訓練の条件は?

訓練ではないが、官能評価をするために、気温や光などが制御された独立したブースが用意されている。

Q3 現在の仕事にどう生かされているか?

授業で学んだことが、「においや味わいに対するバイアスを排除すれば、その分、正確に、それらの成分に対する個人それぞれの閾値を知ることができるだろう」ということだったため、評価の偏りや際立った評価に留意するようにはなった。

また、食文化の違う国での分析では、同じ品種、同じワインでも、異なる分析結果が出てくることも身をもって体験できた。しかし、これらはワインのキャラクター造りに、ただちに結びつくものではなかった。

日本のワイナリーの現状

海外のトレーニング方法を知ったときに、彼らがいかに共通の語彙を持とうと工夫しているかがよく分かりました。そこで、日本のワイナリーはどんなことをしているのだろうという素朴な疑問から、大手ワインメーカー４社にアンケートを実施しました。

質問は次の七つです。

①醸造に従事する技術者に対して、テイスティングのトレーニングを定期的、あるいは不定期に実施していますか？

②テイスティングを実施する際、ワイナリーの中で使う共通のテイスティング用語集のようなものはありますか？　醸造家同士、あるいはワイナリー内で、テイスティング用語のすり合わせをしていますか？

③テイスティング方法、または、使うべき用語で、参考にしているものはありますか？（アロマホイール、ボルドー大学の官能評価で使用しているテキストなど）

④テイスティングのトレーニングをする際に、ワイン以外で、実際に、においを体感でき

るサンプルを使っていますか？

⑤テイスティングのために、QDA法を利用したことはありますか？

⑥ワインと料理のマリアージュについて、何らかの試みをしていますか？

⑦そのほか、テイスティングに関して、何か気を付けていることはありますか？

⑤のQDA法（定量的記述分析法）というのは、グループ内にメンバーが共有できるテイスティング用語のようなものを作っていく過程を含めた分析法です。簡単にいうと、あるにおいを嗅いで、各人がそのにおいを表現する言葉を出し合って、意見を交換しながら、段階的にそれらの言葉を集約して、グループ内で使える言葉を選び出していくという方法です。醤油の製造会社では、QDA法を徹底的に実践するだけでなく、そのQDA法自体の研究をしているところもあります。

アンケートを実施したのは2013年。その結果が**図49**です。実は、このアンケートは2009年以来二度目で、結果、実質的にトレーニングをしているのは4社中2社だった4年前とは異なり、不定期ではあるものの、4つのワイナリーがいずれも何らかのトレーニングを実施していました。

ただし実際のにおい物質を使っているのは4社中3社でした。B社の場合は、実際にボルドー大学で使われているにおい化合物リストを使って訓練していました。A社はオフフレーバーだけはトレーニングしていて、それ以外にワインメーカー同士で一緒にテイスティングをして、言葉を交換することで共通化を図っている。

さらに、B社の方が言っていたのは、

「ワイナリー内で共通言語を作ることは、もちろん最低限必要なことだけれども、ワインを売る人と消費者との間にも、同じように共通言語のトレーニングの機会を作る必要性を非常に感じている」

まったくその通りだと思います。

図49 大手ワインメーカー4社のトレーニング法

1　醸造に従事する技術者に対して、テイスティングのトレーニングを定期的、あるいは不定期に実施していますか?

A社	水ベース、ワインベースに、オフフレーバーとみなされるにおい成分を入れて、それが分かるようにする訓練を行っています。それ以外は、実際のワインを技術者同士で一緒にテイスティングし、コメント交換をするなどの方法もとっています。
B社	トレーニングをしています。まれに、QDA法を実施しています。
C社	不定期ではありますが、三点識別テスト、および、内部での利き酒会などを実施している。しかし(若手の教育も含め)、体系的にトレーニングをしているというレベルではありません。
D社	基本味の希釈水溶液を使用した訓練を、適宜実施しています。また、ブレンド、瓶詰めなどの際には、ワイナリーのメンバー全員でテイスティングをして、意見を出し合う機会を意図的に持つようにしています。

2　テイスティングを実施する際、ワイナリーの中で使う共通のテイスティング用語集のようなものはありますか?　醸造家同士、あるいはワイナリー内でテイスティング用語の擦り合わせをしていますか?

A社	香り、味わいの特長を項目化して、その強さや良さを評価する方式は採用しています。
B社	用語集はありませんが、トレーニングの中で擦り合わせは行っています。
C社	ワインのテイスティングで通常用いられるターム(言葉)は、共通のワードとして使用しています。どちらかというと、主要メンバーでテイスティングを行う中で、意見を戦わせながら、各自の得意・不得意分野や表現の癖なども理解しつつ、コミュニケーションをとっていきます。
D社	用語集はありません。意見を出し合う中で、疑問が出てきたときに互いに確認をしています。

3　テイスティング方法、または、使うべき用語で、参考にしているものはありますか?(アロマホイール、ボルドー大学の官能評価で使用しているテキストなど)

A社　ボルドー大学で使用している用語を中心に活用しています。エミール・ペイノー(Émile Paynaud)の『Le Goût du Vin(ワインの味わい)』の中の用語集や、それに加えて、テイスティングを担当する複数の先生がテイスティング時に使用する言葉も共有しています。また、成分名を記憶するテイスティングも行っており、その成分名を使用することもあります。

B社　エミール・ペイノー(Émile Paynaud)の『Le Goût du Vin(ワインの味わい)』の中の用語集を参考にしています。

C社　用語集およびテキスト類は、テイスティングする際、常に傍らに置いているわけではありませんが、特定の場所(書庫など)に保管して、各個人が時と場合によって使用しています。

D社　アロマホイールを参考にすることはあります。

4　テイスティングのトレーニングをする際に、ワイン以外で、実際に、においを体感できるサンプルを使っていますか?

A社　オフフレーバーとみなされるにおい成分を希釈したものを、水やワインに入れたものを使います。

B社　できるだけ、香りや味の化合物そのものをテキストにしています(例えば、エタノール、アセトアルデヒド、ブドウ糖、果糖、酒石酸、リンゴ酸、乳酸、酢酸、コハク酸、酢酸エチル、酢酸イソアミル、カプロン酸エチル、リナロール、シトロネロール、テルピネオール、イオノン、バニリン、ヴィニルフェノール、エチルフェノール、オイゲノール、フルフラール、ウイスキーラクトンなど)。またスパイスなどは、そのものや、水溶液、アルコール抽出液などを使うこともあります。

C社　香りのキットは、以前、購入済みです。しかし本来であれば、香り物質なので、定期的に新しいものに替える必要があると考えています。

D社　使うときもありますが、日常的にはほとんど使いません。

5　テイスティングのために、QDA法を利用したことはありますか?

A社　ありません。

B社　あります。

C社　ワイナリー内で製品造りのためのテイスティング時に、QDA法のようなものを用いることはほとんどありません。ただし、講習会、勉強会などの受講は行ったことがあります。

D社　ありません。

6　ワインと料理のマリアージュについて、何らかの試みをしていますか？

A社　ワインと料理の相性は考慮しています。

B社　ワインと料理については、実際のテイスティングと試食によって相性を検証しています。料理は飲み下して、ワインは吐き出す、という作業は大変しんどいですが……。

C社　マリアージュとは、非常に難しく、個人によりまったく答えが変わることも予想されます。科学的な解釈（メカニズムなど）が難しい分野ですので、現状は、ワインを飲む際、皆で「この料理にはこのワインが合う」、「このワインは、料理の邪魔をしない」などのような程度で実践しています。また、「同じ料理に対して、複数のワインを合わせてみて、その相性の良さを比較する」、「同じ素材でも調理法によって合うワインが変わってくる」ということは、お客さま向けの各種セミナーや社内教育で複数回行っています。

D社　ワインメーカーズディナーなどでの経験を生かすようにしています。

7　そのほか、テイスティングに関して、何か気を付けていることはありますか？

A社　ワインのブレンドの詳細を決めるため、複数のワインメーカーでテイスティングをして、狙いのスタイルをお互いに共有する。さらには、その特長を表現する用語、その意味合いを共有することで、意思疎通を図るようにしています。味わいは、アタック（第一印象）、エボリューション（中盤）、フィニッシュ、アフターテイストのそれぞれの特徴を表現するようにし、狙いとするスタイル、味わいをより立体的に造り込めるようにしています。

B社　体調（自分のコンディションの把握）、使用するターム（言葉）を相手が分かるものにすること。

C社　個人の嗜好ではなく、栽培上および醸造上の欠点がないことを気にしています（もしこれら欠点臭が出た場合、どの工程に起因しているのか原因の解明を行います）。先入観に惑わされないように、常にブラインドでテイスティングを行うようにしています。

日本にも共通言語を確立する場を

一方、フランスのＤＵＡＤの授業は、醸造家だけが学んでいるわけではありません。インポーターがいたり、シャトーの息子がいたり、ワインにまつわるさまざまな職種の人たちが一緒に勉強をしています。そうすると、業種が異なっていても、お互いにワインの味わい、クオリティについて、意見を交換するための共通言語が確立されるわけです。

山梨大学にワイン科学士の訓練のような講座を、いつか一般の人向けに開講するかとたずねたら、「まずは、山梨県の醸造家だけではなく、県外の醸造家も勉強できるような状態にする」という回答でした。醸造家以外のワイン関係者に向けて講座が開かれるとしたら、さらにその後になり、まだまだ時間がかかるかもしれません。

考えてみると、山梨大学がこうした醸造家向けの講座を始めたのは、２００７年で、つい最近のことです。日本でワインの消費量がピークを迎えたのも１９９８年。日本のワイン文化は、まだ始まったばかりなのです。いずれは一般の人が学ぶワイン学校でも、まず、においい物質で言葉を訓練してからテイスティングをしよう、というようなことになるのかもしれません。実際に青山のアカデミー・デュ・ヴァンでは、におい物質を使った特別なコース、あるいはオフフレーバーを学ぶコースも開設されており、人気を呼んでいるそうです。

フランスのＤＵＡＤのコースのように、醸造家や、サービスをする人や、ソムリエがともに学べる場所が日本にも出来てくるのが待たれるところです。

国内外のテイスティング事情あれこれ

ここからは、昨今の嗅覚、味覚情報について、いくつかお話ししたいと思います。

その一・におい物質の香りの印象（オフフレーバー）

山梨大学のワイン科学研究センターでは、先ほど記したワイン科学士取得のためのカリキュラムの中で、27種類のにおい物質についての訓練をしています。

授業はボルドー大学で官能検査の研究をしているルベル教授が、フランス語で行っています。具体的にどのような物質を使って訓練をしているかというと、**図50**を見てください。

これは、ルベル教授がリストアップした物質の一覧です。これらのにおい物質をミネラルウォーターに溶かした物と、水だけの物を始めに嗅いで、それぞれのにおいを学習し、その後、この物質をワインに溶かした物を嗅いでみるそうです。におい物質がワインに含まれているときにどのような香りになるかを学んで、オフフレーバーを勉強する。醸造家はワインに含まれているオフフレーバーを見つけることが、日々の仕事の上でも重要です。そのために、こうした訓練をしているのです。

全ての醸造家が、この訓練を受けているわけではありませんが、確かに醸造家とテイスティングをしていると、醸造家は「ゆでたキャベツの香り」というような言い方をすることはほとんどなく、「メチオノールが出ている」、「メルカプタンが強い」、「メトキシが強い」、「還元臭がする」、「酢エチが強い」という言葉が出てくることが多いのです。

中でも、私たちが経験する機会が多い、におい物質をご紹介しましょう。

メトキシピラジンは、前述のような、におい物質そのものを使った訓練をしたことがなくても、比較的判別しやすいにおいです。ピーマンを切ったときに立ち上る青いにおいですね。これはカベルネソーヴィニヨンやカベルネフラン、ソーヴィニヨンブランにみられる香りです。時としてゴボウのようなにおいだったり、ピーマンのようなにおいだったりします。

トランス-2-ヘキセナールは、青い葉っぱをギュッと潰したときのような青臭い感じのにおい。実は、こうしたにおいは、ムルソーやシャブリといったシャルドネで造られたワインにも含まれているようです。

ジオスミン。水道がかび臭いにおいがすることはありませんか？　前述の二つに比べると私たちには、ややなじみの薄いにおいかもしれません。

図50 ワイン人材生涯養成拠点において、ルベル教授（ボルドー大学）の官能の授業で使われたにおい物質

講座の内容はすべてルベル教授が作成。授業はルベル教授がフランス語で行っている。
におい物質をよく覚えられるように、佐藤充克先生、久本雅嗣先生が補講を行っている。

方法

ISO 認定のテイスティンググラスを用意。ミネラルウォーターの入ったボトルと、におい物質をミネラルウォーターに溶かしたボトルの2本を用意。

主催／山梨大学大学院医学工学総合研究部附属ワイン科学研究センター（ワイン人材生涯養成拠点）
©Faculty of Oenology, University of Bordeaux, Diploma: DUAD, Professor Gilles de Revel

UNIVERSITÉ BORDEAUX SEGALEN

オフフレーバー

1. **IBMP**（3- イソブチル -2- メトキシピラジンの略）
   一般にメトキシピラジンと総称している。
   有名なピーマン臭の一つで、未熟香と判断されることもある。
2. ***trans*-2-hexenal**　青葉アルデヒド（トランス -2- ヘキセナール）
   葉をすりつぶしたような青さ。
3. **geosmin**　ジオスミン
   水道水にもあるカビ臭。
4. **ethyl acetate**　酢酸エチル
   この物質が少量入っていることで、ワインが華やかに感じることもある。
5. **acetic acid**　酢酸
   酢のようなにおい。
6. **acetaldehyde**　アセトアルデヒド
   リンゴのようなにおい。酸化臭の主要成分。シェリーや熟成したシャンパーニュに感じることが多い。いわゆるアルデヒド臭。
7. **methionol**　メチオノール
   ゆでたキャベツのにおい。還元臭の一つ。
8. **ethanethiol**　エタンチオール
   タマネギ臭、タマネギの皮のようなにおい。還元臭の一つ。
9. **4-ethylphenol**　エチルフェノール
   薬品臭。
10. **4-ethylguaiacol**　エチルガイアコール
    燻製のようなにおい。
11. **mixture with 4-ethylphenol + 4-ethylguaiacol**
    9、10 は赤ワインにある獣臭、あるいはブレット臭で、11 は実際のワインに近い比率で混ぜたもの。いわゆるフェノレ臭。段ボールのように感じることもある。
12. **styrene**　スチレン
    プラスチック臭、容器由来。

13. **trichloroanisole**　トリクロロアニソール（略称 **TCA**）
ブショネのにおい。有名なコルク臭。

14. **tetrachloroanisole**　テトラクロロアニソール
コルク臭の一つ 。

15. **sotolon**　ソトロン
初めはカラメルのような甘い香りがするが（少量だとメープルシロップのような香り）、嗅ぎなれるとカレー（フェヌグリーク）に変化。

その他のにおい物質

16. **linalol**　リナロール
ローズウッド、バラのような香り。テルペンの代表的な香り、品種由来。

17. **phenyl ethanol**　フェニルエタノール
発酵由来。

18. **isoamyl acetate**　イソアミルアセテート
バナナのような香り。発酵由来。

19. **3-mercaptohexanol acetate**　3-メルカプトヘクサノールアセテート
3MH（グレープフルーツ香）とほぼ同じ香り。品種由来。

20. **Beta-ionone**　β-イオノン
スミレの香り。約半分くらいの人はこのにおいが判別できない。

21. **furaneol**　フラネオール
イチゴの香り。品種由来。

22. **diacetyl**　ダイアセチル
バター、ナッツのような香り。マロラクティック発酵由来の代表的な香気成分。

23. **2-Furanmethanethiol**　フルフリルチオール
ハードトーストの樽の香り。

24. **vanillin**　バニリン
バニラの香り。

25. **whisky lactone**　ウイスキーラクトン
ココナッツのようなにおい。樽香の主要成分。

26. **eugenol**　オイゲノール
クローヴの主要成分、樽由来の香気成分の一つ。

27. **vanillin + saccharose**　バニリン＋サッカロース。

使ったワイン

白ワイン辛口

DOURTHE N°1, Bordeaux Blanc 2009
ドルテ　ボルドー白

貴腐ワイン

Sauternes ソーテルヌ
Ch. LA TOUR BLANCHE
シャトー・ラ・トゥール・ブランシェ

赤ワイン

Bordeaux ボルドー
2005 les Amants du Chateau Mont-Perat
レザマン・デュ・シャトー・モン＝ペレ

Graves グラーヴ
Pessac-Leognan : Ch. Haut-Bergey 2005
ペサック＝レオニャン：シャトー・オー＝ベルジェイ

St Emilion / Pomerol サンテミリオン／ポムロール
Ch. La Dominique 2005
シャトー・ラ・ドミニク

Médoc メドック
Ch. Rollan de By 2006
シャトー・ロラン・ド・バイ

酢酸エチルは「酢エチ」と略して、よく醸造家が口にする言葉です。洋酒のラムのような香りがします。含有量が多くなると、接着剤のようなにおいを呈します。これはオフフレーバーとされてはいますが、オフフレーバーと決めているのは醸造家で、飲み手が必ずしも不快に感じないことが非常に多いにおいです。酢酸エチルが含まれていると、ワインの印象がちょっと華やかになることも、その要因でしょう。抽象的な表現で申し訳ないのですが、全体的にパッと香りが開いたような印象があって、私自身が「これは酢酸エチルが高いな」と思うようなワインは、「これは飲みやすくて、華やかで」と言われることが多いですね。

でも、果たしてこうしたワインを「いや、これは欠陥臭がしている」と否定することができるでしょうか？　ワインは飲み手が楽しむためのもので、醸造家が評価するためのものではないからです。ただ、醸造家は醸造家として、これは酢酸エチルだと認識する必要はある、ということだと思います。

酢酸は一種のお酢のようなにおい。チョコレートの取材をしていて聞いた話ですが、焙煎した状態のカカオ豆に酢酸が出るそうです。確かにいろいろなチョコレートを食べていると、少し酢酸を感じる物があります。ただし、チョコレートにしても、ワインにしても、いろいろな香りが混ざった物を私たちは感じているので、酢酸が含まれているから、それらが欠陥品だと一概に否定することはできません。

アセトアルデヒドは、おそらく皆さんが、よく認識することがあるにおいではないかと思います。アルデヒド臭と呼ばれることもあるにおいです。酸化したワイン、シェリー、あるいは熟成したシャンパーニュにも感じることが非常に多いにおいです。海外の醸造家からも、比較的オフフレーバーとして見なされるにおいです。

最近、熟成していなくても、熟成感を出すことを狙った発泡酒にも、このにおいを感じることが多いと思っています。炭酸ガスを添加する前にワインを樽熟成させることで、こういう香りが生成されている場合も多いようです。しかし、シェリーや熟成したシャンパーニュにあったらいい香りで、ワインにあったら駄目というのは、私には、どうも決めごとに過ぎないようにも思われます。醸造学的にいえば不快臭かもしれないですが、この香りがあるから、このワインは駄目だとは言い切れないように思っています。

メチオノールは、ゆでたキャベツのようなにおいです。いわゆる還元臭といわれるものがこれに当たります。ちょっと硫黄のような印象で、確かに臭いにおいではありますが、ジャガイモやトマトにも含まれていますし、ピノノワールにも含まれていることがあります。このにおいも一概には否定できません。空気と触れさせることで飛んでしまうことが多いです。

エタンチオールはタマネギの皮のような香りといわれることが多いにおいです。こちらも還元臭の一つです。こうした硫黄臭は、今の日本ワインにも、そして海外産のワインにも時々感じます。発現する要因はさまざまですが、香りを飛ばないようにするがために、酸素とあまり触れ合わないような工程をとることなどによって、このにおいが出てしまうこともあるようです。エタンチオールがあることで、ワイン本来の香りが嗅ぎにくくなります。

エチルフェノールと**エチルガイアコール**は、数年前、ワイン雑誌でも取り上げられた「フェノレ臭」というものですね。赤ワインにあり、ブレタノマイセスという菌によって引き起こされるにおいなのでブレット臭とも呼ばれます。、獣臭、段ボールのように感じることもあります。

トリクロロアニソール（**TCA**《ティーシーエー》）は、多分、皆さん、よく嗅いでいるというか、まず覚えるにおいですね、ブショネのにおい（コルクのカビが原因で発生する特有のにおい）。私自身は、リンゴの芯のようなにおいととらえていますが、リンゴのふじのにおいにも似ています。

ソトロンは一度覚えてしまうと、ワインの中に見つけることの多いにおいです。カラメルのような甘い香りです。皆さん、おそらくブルゴーニュのシャルドネで、嗅いだことがあるのではないかと思います。含有量が少ないと、メープルシロップのような香りになるそうなのですが、嗅ぎ慣れると、カレーのような香りにもなるそうです。この香りも、私はそんなに不快とはとらえていません。カラメルの香りがあまりに強いのに、ワインがすごくやせていると、香りと味わいにイメージのギャップを感じますが、カラメル臭がすることだけで否定していいのかな、というふうには思います。

オフフレーバー以外では、代表的なにおい物質に**リナロール**があります。ソムリエが「白い花の香り」や「バラ」と言うことが多い、品種由来の香りです。マスカットアレキサンドリアのワインやリースリングのワインに比較的多く含まれているようです。また甲州のワインにも入っていることがあるそうです。カモミール、ローズウッド、オレンジフラワーにもある香りで、これは比較的、覚えやすい香りです。

それから、皆さんが嗅ぎ分けやすく、しかも覚えやすい香りとしては、**イソアミルアセテート**が挙げられます。バナナの香りです。

またマロラクティック発酵をしたときに発生する、バターのような香りは、**ダイアセチル**。バターやナッツ、ホワイトソースやケーキにある香りです。

これらが複数入った状態で、私たちはワインの香りとして感じているわけです。

その二・味わいも経験

味覚について、もう一つ、ルベル教授から伺った面白い話があります。

かつて味わいというのは、甘味、酸味、苦味、塩味の四つあるとされていましたが、今は世界的に「うま味」も味わいの一つに認められ、ボルドー大学でも、うま味を味覚として、授業で取り上げるようになったそうです。

ただし、嗅覚と同じように、味覚も過去の経験によります。うま味（グルタミン酸）を味わったボルドー大学のワイン関連の専門家が、これをどうとらえるのかを実験した結果が、**図51**です。

酸味だと感じた人	2人
苦味だと感じた人	31人
甘味だと感じた人	15人
塩味だと感じた人	10人

つまり、ボルドー大学の専門家たちには、うま味は経験したことのない味なので、うま味をうま味として感じることができないということなのです。

これは、とても面白い結果ですね。

図51 うま味(グルタミン酸ナトリウム)の味わいをどう感じたか?

ボルドー大学のワイン関連の専門家39人によるうまみの表現

(グルタミン酸ナトリウム0.5g/ℓ)

※複数回答可とした　　2004/01/24

テイスター	酸味	苦味	甘味	塩味
1		+	+	
2		+		
3			+	+
4		+		
5		+		
6		+	+	
7		+	+	
8		+	+	
9		+	+	
10		+		+
11		+		
12			+	
13		+		
14		+		
15	+	+		
16		+		
17		+		+
18		+		+
19		+		
20		+		
21		+		+
22		+	+	
23			+	
24		+		
25			+	+
26		+		
27		+		
28		+	+	
29		+		
30				+
31			+	
32		+	+	
33		+		
34		+	+	
35				+
36	+	+		
37		+		+
38		+		+
39			+	
合計	2	31	15	10

Expression of UMAMI (sodium glutamate,0.5g/L) for 39 professionals in Bordeaux 2004/01/24

UNIVERSITÉ BORDEAUX SEGALEN

うま味は、私たち日本人にとっては、非常になじみのある味ですが、でも、そのうま味をすごくおいしいと感じて、それに対して執着する気持ちができるというのも、やはり経験が影響しているのです。

私は高校生のころ、家族でイギリスに住んでいたのですが、数日間の旅行中に現地の外食が続いても、当時はお味噌汁が飲みたいとか、日本食が恋しいとか、感じることはまったくありませんでした。ところが最近は、海外出張で向こうの料理を食べ続けていると、もう4日が限度で、だしの味が恋しくなる。だしに対するやみつきの症状が出てしまいます。けれどその味わい自体は、多くのヨーロッパの人たちにとっては、苦味でしかないのです。

「うま味という言葉で、一番連想するワインは何か？」

と醸造家に聞くと、挙がってくるワインがあります。何だと思いますか？

そう、ピノノワールです。うま味があるワインとして、ピノノワールのことを挙げる人はとても多い。そして次に多いのは、熟成したシャンパーニュです。こちらは澱との接触時間が長いことを考えると、なるほどとも思います。

ワインにうま味はあるのか？　それは、物質として何なのか？　……これは残念ながら、まだ明らかになっていません。

その三・メルシャンの生臭みの研究

カズノコとワインを合わせたことがある方は、いらっしゃいますか？　またはイクラとワインはいかがでしょうか？

魚卵とワインの組み合わせは最悪ですよね、本当に。とても生臭い。また、そのほかの魚介類も調理法によっては、ワインと合わせたときに一般的に生臭さが発生することが多い。この「生臭み」の正体は、実は味ではなくてにおいなのです。

もし、ノーズクリップのようなものがあれば、ぜひやってみていただきたいのですが、生臭い物を一口食べて、生臭いと思っているときに、クリップで鼻をつまんでみる。するとたんに、生臭さが消えるのです。まさに生臭みがにおいであることを実感できる瞬間です。

メルシャンは、2001年ごろより、ワインと魚介類を合わせたときに感じられる生臭みについての研究を続けており、その発生のメカニズムを明らかにしてきました。それによると、ワインに含まれている鉄が、魚介類に含まれている過酸化脂質という脂質の一種に作用すると、生臭さを感じさせるにおい物質「(*E*,*Z*)-2,4-ヘプタジエナール」、「1-オクテン-3-オン」が作られてしまうから、生臭くなるのだそうです。

鉄棒を触った後に手のひらのにおいを嗅ぐと、金臭いような、生臭いようなにおいがしますよね。あれは鉄棒の鉄と手の脂が触れるからなのだそうです。それと同じことが、ワインと魚介類を合わせるときに起きています。

それでは、このワイン中の鉄はどこからくるのか？

今までの研究によると、収穫したブドウの周りに付いているほこりから、あるいは使い古した発酵タンクに露出している鉄の部分からなど、いくつかの要因が考えられています。また今のところ、日本ワインについては、海外産のワインに比べると鉄の含有量が少ないといわれています。

そして、なんと69種類のワインと、過酸化脂質が含まれるホタテの干物を、実際に組み合わせる実験をした研究者が、メルシャンにいます。その実験では、赤ワインと白ワインを比べると、ワイン中に含まれている鉄は、赤ワインのほうが多いという結果が出ており、「魚には白ワイン」という通説と一致しているのです。

メルシャンの研究で私が面白いなと思ったのは、さらにその先で、魚だけをワインと合わせると生臭いけれど、そこに「油」があると、生臭さが感じられないということです。においい物質は、油に溶けやすい性質があるので、油があると口中で発生したにおい物質が飛ばなくなる。そのため、におい物質が空気中に広がって鼻の中に到達することもなくなる。結果として、生臭みが発生しなくなるようです。

魚介類と油というと、洋風料理のカルパッチョに思い当たります。あの料理は生魚だけれども、オリーブ油が掛かっています。それからもうひとつ、カルパッチョにはレモンを搾ることが多いですよね。実はこのレモン果汁も一役買っているのです。レモン果汁に含まれているクエン酸には、ワインの鉄を包み込むキレート効果という作用があるため、過酸化脂質と鉄が反応しなくなるそうです。そうすることで、生臭みの元になっているにおい物質が発生しなくなるのですね。

ところで、肉にも脂があるのに、ワインを合わせても、なぜ生臭みが発生しないのかをメルシャンにたずねたところ、魚に含まれている油脂と、肉に含まれている油脂の違いが影響しているとのこと。油脂のうち、生臭みの原因となった過酸化脂質に変わりやすいのは、「不飽和脂肪酸」で、さらにはその不飽和の数が多いほど、過酸化脂質に変わりやすいのだそうです。魚の油脂は、不飽和脂肪酸がほとんどで、しかも不飽和の数が多いため、生臭みを発生しやすいと考えられています。

ただし、肉でも部位により不飽和脂肪酸を含んでおり、例えばレバーは多く含んでいるので、ワインを合わせたときに生臭みが発生する可能性が大きくなるそうです。

実際に、メルシャンの会社に出向き体験させてもらったことがあるのですが、イクラだけをワインと合わせると生臭い。でも、そこにサワークリームを加えると、サワークリームの油で生臭みはかなり軽減されます。さらにレモンを搾ると、それはもっと軽減される。サワークリームとレモンの効果が驚くほどはっきりと出るので、ぜひ試してみてください。

キャビアを食べるときにも、サワークリームを合わせますね。そうしたレシピが考えられるようになったのは、キャビアだけではワインにあまり合わないということを、おそらく経験則で知っていたからではないでしょうか。また店によっては、キャビアに金属のスプーンではなくて、陶器のスプーンを使うところがありますが、それも経験によって培われた知恵なのだと思います。

洋風料理の場合、魚介料理でも、バターを使ったソースであえたり、あるいはソテーしたりというふうに、食材を油でコーティングする料理が多い。日本料理でも、魚介類は天ぷらにすると、白ワインに合いやすくなります。油があることでワインとの相性が変わってきているのです。揚げるだけではなくて、炒めても変わる。あるいは、蒸し魚に最後に油を掛けても、ワインに合うようになります。

ぜひ、こういったひと工夫を、家庭で料理をするときに試してみてください。ワインに合う料理というのは、何かソースを添えるとか、最後にオイルを振りかけるとか、そうしたものが多いようです。

これまで、日本におけるワインテイスティング事情に触れながら、実際に私たちがワインをテイスティングしている際に、どんなことが起きているのか、どんなものが関わっているのかについて、また国内外のテイスティングの訓練方法などについて、いくつかの事柄をお話ししてきました。

科学の分野は一見難しそうですが、自分たちが感じていることの背後で、実際に起きている科学的事象を知っていることが、ワインのテイスティング力アップに役立つことは多々あります。そして何よりも、ワインとそれを取り巻く食の科学は、実は多くの人を魅了する世界なのです。

（おわり）

Column
第四章
講座こぼれ話

「におい物質の存在を実感する」実験

におい物質は我々の肉眼では見ることができないほどの小ささですが、その存在を実感できる実験をご紹介しましょう。これは、富永敬俊著『きいろの香り ボルドーワインの研究生活と小鳥たち』（フレグランスジャーナル社）に掲載されている実験です。

■用意する物

グラス2脚
十円玉1枚
ソーヴィニヨンブランのワイン

ワインはソーヴィニヨンブランという品種特有の草っぽいような、青臭いようなにおいが顕著なものがよいでしょう。ニュージーランド産もよいかもしれません。

■実験方法

一つのグラスにはワインのみを注いで、そしてもう一つのグラスには、ワインと十円玉を入れて、香りを比べてみてください。

何も加えていないグラスのワインからは、典型的なソーヴィニヨンブランらしい香りがしているはずです。それから、グレープフルーツのような、ちょっと清涼感のある香りも感じられますね？

これに対して、十円玉を入れたもう一つのワインを嗅いでみてください。ほとんど、においが感じられないですよね？

十円玉を入れることで、においの原因となっていたさまざまな物質の一部が変化して、においがしなくなっていることが考えられます。二つのグラスの香りを比べると、歴然と違う。この簡単な実験からは、におい物質が変化すると、香りが変わるということを、確かに体感できると思います。言い換えれば、香りがするというのは、このワインの中に、におい物質があるということなのです。

Column
第四章
講座こぼれ話

「ミネラル」とは何か？

フランス人のワイン評論家のミッシェル・ベタンヌが以前、面白いことを言っていました。彼は話しながら、自分で「ミネラル」と言って、そして言ったそばから「ミネラルって言わないようにしているんだ」と。

また、世界的に有名なブドウ栽培コンサルタントのリチャード・スマートは、「ミネラルは神話に過ぎない」と言っていました。

ただ、「ミネラリー」と表現された場合は、何かの硫黄化合物が含まれている場合が多いと『ワインの科学』（河出書房新社）の中でジェイミー・グッドは述べています。

ミネラルとは「酸化の一つの表現ではないか」と言っている人もいます。

自分では、ミネラルは口の中でちょっとグリップがあるというか、少し質量感があるというか、渋味ではないけれども、口の中に何か存在感がある。そういうとき、ミネラルという言葉が思い浮かびます。

とはいえ、難しいのは、私が思っているミネラルとほかの人が思っているミネラルが、同じものかどうかという検証ができないことです。におい物質なら、同じにおいのするものを嗅いで、ワインの中の香りと同じにおいだと言うことができるけれども、それができないので、果たして自分が思っているミネラルが、周囲の人が考えているものと同じかどうかが分からない。もちろん、みんなが好きなように表現していいということはあるかもしれませんが、ちょっと今の段階では、ミネラルが何かと断言するのは難しいかなと個人的には思います。また、伏木先生は、ミネラルの味わいについて、次のように仰っています。

「ミネラルは、実は塩以外は本当にひどい味です。塩以外でおいしいミネラルは多分ないと思います。基本的にそれだけをなめて、おいしいものはほとんどない。苦いか、嫌なえぐい味だとか、そういうものばかりです。動物は精製するという技術がないですから、『塩だけをちゃんとチェックすれば、ほかのミネラルは自動的にとれるだろう』と信じているようです。

そういう意味では、塩を見張っているという感じになります。それから、ほかのミネラルは身体の骨の中などに蓄えられるのですが、ナトリウムは蓄えられない。とらないと絶対ダメだから、余計に敏感になっていますね。塩の味が爽やかなのも、脳がその味を爽やかと思わせているのかもしれません。本当はひどい味なのだけど、『生きていく上で大事だから、塩のこの味は、おいしいと思え』と脳が言っているのかもしれません。多分、そうだろうと思います」

結論は出ませんが、ワインを味わう多くの人が、関心を持つ言葉であることは確かです。

付録

日本のアロマホイールを作る試み

鹿取みゆき（原稿）×佐々木佳津子（アロマホイール構成）

香りを表す用語集「アロマホイール」

第四章で記したように、フランスではワインに関連する仕事をしている人たちが、同じにおい物質を嗅いで、それを言葉で何と表現するのかを訓練する場が国によって提供されています。言い換えれば、異なる業種の人間が、ワインの香りについて互いにコミュニケーションがとれるような、共通する用語が存在しています。もちろん、業界で働くすべての人間に、この用語が浸透しているわけではありませんが、こうした用語があることは、とても重要なことだと考えられています。

海外で作成された、ワインから感じ取られる香りを表す用語集の一つが、「アロマホイール」です。さまざまな香りを表す用語を円形に配置したもので、それらの用語の大半は、におい物質（化学物質）の名前ではなく、同じような香りがする果物や花などの物の名前が記されています。

例えば、アロマホイールの「レモン」という用語は、「レモンのような香り」を意味しています。ワイン中に「レモン」の香りが感じられたとしても、それは実物のレモンから漂うにおい物質と同じものではありません（実際、レモンにはリモネン Limonene というにおい物質が主に含まれていますが、ワイン中の「レモンのような香り」は、シトロネロール Citronellol という物質がよく知られています）。

またアロマホイールでは、これらの香りを表す用語が、大きなカテゴリーから小さなカテゴリーへと細分化されており、階層構造をなしています。また同じカテゴリー内の隣り合う用語は、互いに香りの質が似ています。

アロマホイールの始まり

国税庁 酒類国際技術情報分析官の宇都宮仁さんによれば、このアロマホイールは、「フレーバーホイール」、「フレグランスサークル」とも呼ばれ、ワインだけでなく、ほかの酒類や香料の分野でも使われてきたそうです。宇都宮さんは、学会誌『化学と生物』において、酒類のフレーバーホイールについて次のように解説しています。

「酒類のフレーバーホイールは、最初にビールの記述的試験法のための香味評価用語体系の一部として作成された（１９７９年）。この香味評価用語体系は、個々の用語定義や類義語を示した香味評価用語法（Flavor Terminology）および用語を理解するための標準見本

(Reference Standard)から構成されており、フレーバーホイールについては、用語体系中の各用語の位置をわかりやすく表し記憶を補助するものであり、においと味の新たな分類体系を意図したものではないと説明されている」(『化学と生物』、vol.50(2012)、No.12、P897~903、公益社団法人 日本農芸化学会)

1979年にビールのために初めて作られたフレーバーホイールは、同年、ウイスキーにも作成されています。ワインに関しては、1984年にカリフォルニア大学デーヴィス校のアン・C・ノーブルによって、標準化された用語集を作ろうと開発されました。ワインの場合は、においの用語に限定されているため、フレーバーホイールではなく、アロマホイールと呼ばれています(「The Wine Aroma Wheel」http://winearomawheel.com/)。

香りの用語の共有を

とはいえ、このデーヴィス版アロマホイールに登場する用語は、日本人にとって、あまりなじみのないものが含まれているのが実情です。そこで本書では、海外で官能教育の訓練を受けている佐々木佳津子さんに、日本人がテイスティングする際に役立つアロマホイールを提案してもらいました（2～3ページ参照）。

そのアロマホイールの「用語説明」と「品種特性と考えられるブドウ品種」（それらの香りが、ブドウから、あるいはワインとなったときに感じられるブドウ品種）の一覧が**表52**、さらに、若い白ワインや赤ワイン、ロゼワインなどの「それぞれのワインにみられる香り」をまとめた表が**表53**です。

佐々木さんによると、日本はヨーロッパの国々と比べると、日常生活でのにおいに対する意識が、低い傾向が指摘できるようです。

「日本では、実物に触れて香りを感じる機会が、他国に比べて、断然少ないように思えます。芳香剤のラベンダーや、ガムのブルーベリー、青リンゴなどの香料の香りは認知度が高く、そのイメージが強い一方で、実物の香りは嗅ぐ機会が少ないために、あまりなじみがないように思えます。また一般的に、スーパーなどに並んでいる果物や野菜は、品種改良によって、または完熟前に収穫されるために、香りが弱い。そして、感じた香りを具体的な言葉で表現する意識も低い傾向があると思います。共通で認識されている香りの種類が少なく、あまり日常的に香りが意識されていない印象です」

異なる業種の人間が、ともにトレーニングする機会も不足しているために、現状での用語の標準化は難しいものの、佐々木さんのアロマホイールでは、できるだけ共通の認識のある、あるいは認識が得られやすい用語を用いるようにしています。

「世界的に共通する用語に加え、できる限り、日本で用いられている身近な用語を用いることで、香りの認識の共有を目指したいと考えています。今後も、醸造家、ソムリエ、その他の専門家の意見などを積極的に取り入れ、香りの認識の共有を前提に、アロマホイールは随時、改訂していく必要があります」（佐々木さん）

■ オリジナルアロマホイール作成のポイント

できるだけ共通の認識のある、あるいは認識が得られやすい言葉（用語）を用いる。

日本独自の用語だけに固執せず、世界共通の用語をベースに踏まえた上で、作成することを基本とする。

同じ系列、同じカテゴリーの用語は、まとめて配置する。香りを連想、認識しやすく、香りが発生する醸造学的な要因も理解しやすい。

同一と思われる香りについては、できるだけ簡潔にまとめるが、複数の名称を用いることで、認識を共有しやすいと思われる場合、複数の名称をあえて用いることにする(複数の名称:地域の特産物や異なる品種など。例:「ユズ、カボス」、「オレンジ、ミカン」)。

香りの種類をカテゴリー別に仕分けする際、カテゴリー名に「オフフレーバー」や「欠陥臭」などの言葉は決して使用しない。

表52 アロマホイールの用語説明と品種特性と考えられるブドウ品種

構成：佐々木佳津子

■ フルーツ

区分		香りの用語	香りの用語説明	品種特性と考えられるブドウ品種
フルーツ	柑橘	レモン		アリゴテ、ヴィオニエ、グルナッシュブラン、シルヴァーナ、マスカット、リースリング
		グレープフルーツ		ヴィオニエ、ゲヴェルツトラミネール、ソーヴィニヨンブラン、リースリング
		スダチ、ライム	レモンに青い爽やかさを加えた香り	プチマンサン、マスカット
		ユズ、カボス	オレンジの香りに、蜜とミカンの皮っぽさを加えた香り	
		オレンジ、ミカン	柑橘で、最も甘さを連想させる香り	
	トロピカルフルーツ	パイナップル		プチマンサン
		パッションフルーツ	マンゴーなどに比べると、酸味を十分に感じる香り	グロマンサン、プチマンサン、マスカット
		ライチ		ゲヴェルツトラミネール
		バナナ	MC香（マセラシオンカルボニック※による香り）	
		マンゴー、パパイヤ	トロピカルフルーツの中では、一番濃厚な甘さを感じる香り	ゲヴェルツトラミネール、プチマンサン
	核種	モモ		プチマンサン、ピノグリ
		スモモ	アンズなどに比べると、爽やかな青さをプラス	
		アンズジャム、アンズ	コートドプロヴァンスのワインによくみられる	マルサンヌ、プチマンサン、リースリング
		ドライプルーン		グルナッシュ、シラー、メルロ、モンドゥーズ
		サクランボ	みずみずしい印象の赤系品種、ロゼやみずみずしい赤ワインにも、よくみられる香り	カベルネソーヴィニヨン、ガメイ、ピノノワール
		ダークチェリー、アメリカンチェリー	サクランボに比べ、香り、味ともに、より凝縮された感じがする香り。より甘いドロップのような印象	グルナッシュ、ピノノワール

※マセラシオンカルボニック：P137参照

区分		香りの用語	香りの用語説明	品種特性と考えられるブドウ品種
フルーツ	小種	リンゴ、青リンゴ		シャルドネ
		洋ナシ		
		カリン	カリンののど飴のにおい	シュナンブラン、マルサンヌ
		メロン		マスカット
		マスカット		
		イチジク		モンドゥーズ
	ベリー	イチゴ	MC香	グルナッシュ、サンソー、ピノノワール、マスカットベーリーA、メルロ
		ラズベリー	イチゴに比べ、より軽やか	カベルネフラン、ガメイ、カリニャン、サンソー、シラー、ピノノワール、メルロ、モンドゥーズ
		レッドカラント（赤スグリ）	ラズベリーに比べ、より軽やかでみずみずしい印象。赤ワイン（低日照量年）によくみられる	ガメイ、サンソー、ピノノワール
		ブルーベリー	酸味と青いイメージがやや強い香り	カリニャン
		ブラックベリー	酸味が少なく、凝縮感のあるイメージ	シラー、タナ、モンドゥーズ
		カシス（黒スグリ）	ベリー系の中で最も凝縮感があり、渋味も想像させる	カベルネソーヴィニヨン、カリニャン、シラー、タナ、ピノノワール、モンドゥーズ

英名カラント、和名はフサスグリ。名前の通り、房状に実を付ける。レッドカラント、ブラックカラント、ホワイトカラントの3種類があり、ブラックカラントはフランス名でカシス。写真はレッドカラント。園芸用として人気がある（提供:北海道大学植物園　http://www.hokudai.ac.jp/fsc/bg/）

■ 花

区分		香りの用語	香りの用語説明	品種特性と考えられるブドウ品種
花	白い花	アカシア（ニセアカシア）	公園や野山で見かける樹木の白い花の香り。5〜6月に開花	ヴィオニエ、グルナッシュブラン、シャルドネ、シルヴァーナ、セミヨン、マルヴォワジ、マルサンヌ、リースリング、ルーサンヌ
		オレンジの花、ミカンの花	精油のネロリに近い香り。ネロリはダイダイ（ビターオレンジ）の花から水蒸気蒸留によって得られる精油	リースリング、ピノグリ
		ジャスミン	爽やかな甘味を帯びた香り。ジュランソン、コートドニュイ（赤）、ボージョレー（赤）のワインによくみられる	
		スズラン	ユリに比べてより軽やかな香り	グルナッシュブラン、マルヴォワジ
		ユリ	白い花の中で、最も濃厚な香りで、官能的	ゲヴェルツトラミネール、リースリング、ピノグリ
	その他	スミレ	サヴォア（白）のワインによくみられる	オーセロワ、カベルネフラン、サンソー、シラー、ピノノワール、メルロ
		バラ、野バラ		ゲヴェルツトラミネール、マスカット、セミヨン（ドライフラワー）、リースリング（ドライフラワー）、サンソー
		エニシダ	オレンジの花とバラを足したようなニュアンス	シャルドネ、ソーヴィニヨンブラン、マルサンヌ
		ゼラニウム	甘さの中に薬品のにおいや青臭さが混ざっている	ゲヴェルツトラミネール。それ以外は欠陥臭とされている
		ハチミツ	コートドプロヴァンス、熟成した白ワインによくみられる	シャルドネ、セミヨン、マルサンヌ、リースリング
		ミツロウ	ハチミツの甘さに、ワックスや樹脂のようなニュアンスがプラス。熟成した白ワインによくみられる	シュナンブラン

ニセアカシア（ハリエンジュ）。日本ではこのニセアカシアをアカシアと呼ぶことが多い

野菜およびキノコ①

区分		香りの用語	香りの用語説明	品種特性と考えられるブドウ品種
野菜およびキノコ	ハーブ	ミント	品種、産地、熟度、醸造などが関与する可能性あり	マスカット
		タイム		
		ユーカリ		
		ローリエ（月桂樹）		シャルドネ
		ローズマリー		
	野菜	青ピーマン		カベルネソーヴィニヨン、カベルネフラン
		オリーブ		
		加熱したキャベツ	青さに、すえたにおいを加えたようなにおい	
		加熱したブロッコリー	青さに、ふかしたてのジャガイモのにおいを加えたようなにおい	
		加熱したソラマメ	青さに、甘さと大豆のにおいを加えたようなにおい	
		加熱したグリーンアスパラガス	青さにトウモロコシの内部（胚芽）を加えたようなにおい	
		加熱したホワイトアスパラガス	トウモロコシの内部（胚芽）を、よりミルキーにしたようなにおい	ソーヴィニヨンブラン
	草・木・森	新緑、若葉		
		芝生	新緑と干し草の両方を持ち合わせたニュアンス（少し乾燥した青さ）	
		茎	菊などの茎を切ったときのにおい	
		カシスの芽	日本ではあまり見かけられないが、カシスの木の芽（萌芽前）の香り	ソーヴィニヨンブラン
		スギ		カベルネソーヴィニヨン、タナ
		マツ		

野菜およびキノコ②

区分		香りの用語	香りの用語説明	品種特性と考えられるブドウ品種
野菜およびキノコ	草・木・森	ツゲ	将棋の駒に使われることもある「ツゲ」という樹木の芽の香り。庭木や街路樹としても使われる。丸い葉を持つ	ソーヴィニヨンブラン
		白檀	お香の白檀の香り	
		落ち葉	熟成したワインによくみられる	
		紅茶	発酵した茶葉の香り	カリニャン
		タバコ、シガー	熟成したワインによくみられる	ヴィオニエ、タナ、カリニャン
		シダ	湿度を多く含むセミドライハーブとシガーのようなにおい	
		森の下草	落ち葉と腐葉土の中間で、草が加わった、より湿度を含んだ印象。森の中の下草の香り	タナ、ピノノワール、メルロ、モンドゥーズ
		腐葉土		
		干し草		プチマンサン
	キノコ	キノコ全般		ピノグリ、メルロ、カリニャン
		黒トリュフ、白トリュフ	黒トリュフは赤ワイン、白トリュフは白ワインに感じる。熟成したワインによくみられる	
		マッシュルーム		

カシスの芽。これより少し前、葉が出る前が最もよく香る。カシスは、国内では青森市が日本一の生産量を誇る（提供：佐々木佳津子）

スパイス、ナッツ

区分	香りの用語	香りの用語説明	品種特性と考えられるブドウ品種
スパイス	黒コショウ	白コショウに比べて、より刺激が強い香り。赤ワインに感じられることが多い	シラー、タナ、ムールヴェードル、モンドゥーズ
	白コショウ	黒コショウに比べて、刺激が控えめで、細かさを感じさせる香り。白ワインに感じられることが多い	ゲヴェルツトラミネール
	コリアンダーシード	スパイスのコリアンダーシードの香り	
	アニス（八角）	甘さと爽やかさを伴う香り	
	バニラ	若いワインによくみられる	カリニャン
	シナモン		カリニャン、タナ
	クローヴ（丁子）	甘さと苦みを併せ持つ、漢方的な香り	
	甘草	漢方にも使われる甘草の香り。甘味と青臭さを連想させる	グルナッシュ、サンソー、シラー、ムールヴェードル
	杏仁（杏仁豆腐）		
ナッツ	ココナッツ		
	アーモンド	食べるアーモンドというよりは、アロマオイルの官能的なアーモンドオイルの香り。甘く香ばしい。コートドプロヴァンス、熟成したワインによくみられる	シャルドネ、マルサンヌ
	ヘーゼルナッツ	アーモンドに比べ、より爽やかな印象。熟成したワインによくみられる	シャルドネ、セミヨン、マルサンヌ、ピノグリ
	クルミ	ヘーゼルナッツに加え渋味とオイルを感じる。熟成したワインによくみられる	シャルドネ、マルサンヌ
	クリ		

ロースト系、動物、乳製品

区分	香りの用語	香りの用語説明	品種特性と考えられるブドウ品種
ロースト系	バタートースト		タナ
	ブリオッシュ	バタートーストよりも、さらにバターの風味が増し、厚みが加わった印象	
	コーヒー		グルナッシュ、シラー
	ココア		グルナッシュ、シラー
	チョコレート		メルロ
	カラメル		
	燻製	スモーキーさを感じる上品な香り	ピノグリ、グルナッシュ
	タール	コンロや換気扇に付いた、取れない油汚れのにおい	
動物	生肉		グルナッシュ、シラー、タナ、メルロ
	ジャーキー	肉の風味が乾いた印象	ムールヴェードル、モンドゥーズ
	ネコの尿		ソーヴィニヨンブラン
	フォクシー臭（キツネ臭）	ハイブリッド系もしくはアメリカ系品種（ラブラスカ系品種Vitis Labrusca）特有のにおいとして認識されており、キツネ（fox）そのもののにおいではないとされているが、諸説存在している。	マスカットベーリーA
	革製品		タナ、ピノノワール、メルロ
	ムスク	香水などによく用いられる香り	
乳製品	バター		シャルドネ
	ヨーグルト		
	生クリーム		

■ 還元臭、酸化臭、フェノレ臭*、その他

*フェノレ臭：意図しない酵母菌、特に赤ワインでは、ブレタノマイセスと呼ばれる酵母菌が関与して発生するにおい

区分	香りの用語	香りの用語説明	品種特性と考えられるブドウ品種
還元臭	ニンニク、タマネギ	エタンチオール	
	腐った卵、温泉卵	硫化水素	
	濡れた木、腐った水	数種の還元物質によるにおい	
	ゴム、焼けたゴム		
	鉄などの金属	エチルメチオナート	
酸化臭	変色したリンゴ	変色したリンゴのにおいと、青リンゴのような爽やかな香りが交ざったもの。一般的には、切ったリンゴが茶色く変色した時のにおいを想像する。シードルによくみられる	
	酢		
	接着剤		
	油性ペン		
フェノレ臭	煙	エチルガイアコール。少し温度を感じるような、まさにその場で煙が立っているようなにおい	
	古い革、馬小屋、獣臭	エチルフェノール	
	カーネーション	ヴィニルガイアコール	
	薬箱	ヴィニルフェノール	
その他	アルコール		
	火打石	火薬のにおい	ソーヴィニヨンブラン
	インク		
	イースト		
	ペトロール(灯油)		熟成したリースリング
	亜硫酸(高濃度の場合)	鼻の奥に軽い刺激を感じる	
	せっけん		
	埃		
	プラスチック		
	魚の生臭さ		

出典:「品種特性と考えられるブドウ品種」については“L'école de la dégustation” Pierre Casamayor, HACHETTE、“Le goût du vin” Émile Peynaud & Jacques Blouin, DUNOD を参考に作成

表53 それぞれのワインにみられる香り

構成：佐々木佳津子

ワインのタイプ	香り	備考
若い白ワイン	バナナ、モモ、アンズ、リンゴ、洋ナシ、カリン、アカシア（ニセアカシア）、ジャスミン、バラ、エニシダ、ハーブ全般、ラベンダー、レモングラス、ローリエ、カシスの芽、ツゲ、アニス（八角）、バニラ、ブリオッシュ、カーネーション、イースト、ドロップなど	※品種に関係なく、若いワインなどによくみられる香り。産地、醸造方法などが関与していると考えられる
若い赤ワイン	バナナ、サクランボ、イチゴ、ラズベリー、レッドカラント（赤スグリ）、カシス（黒スグリ）、スミレ、バラ、バニラなど	
ロゼワイン	グレープフルーツ、オレンジ、パイナップル、ライチ、バナナ、モモ、アンズ、サクランボ、リンゴ、洋ナシ、イチジク、イチゴ、ラズベリー、カシス（黒スグリ）、オレンジの花、スミレ、バラ、アイリス、ボタン、ローリエ、ピーマン、ツゲ、コショウ、アーモンド、カーネーションなど	※品種、産地、熟度、醸造方法などが関与していると考えられる
ヴァンドリクール（果汁に蒸留酒を加え、果汁の甘さをそのまま残した甘口ワイン）	ユズ、カボス、マンゴー、パパイヤ、アンズジャム、アンズ、カリン、ミツロウ、カラメル	
ヴァンドゥナチュレル（発酵中のワインにブランデーを加えて発酵を止め、果汁の甘さを残して造る甘口ワイン）	ドライプルーン、カリン、イチジク、カシス（黒スグリ）、アーモンド、ヘーゼルナッツ、クルミ、コーヒー、ココア	

参考文献

第一章

・『化学受容の科学　匂い・味・フェロモン　分子から行動まで』東原和成編　化学同人　2012年
・『匂いの身体論　体臭と無臭志向』鈴木隆著　八坂書房　1998年
・『香料と調香の基礎知識』中島基貴編著　産業図書　1995年
・『アロマサイエンスシリーズ21』フレグランスジャーナル社　2002〜2008年
・『興奮する匂い　食欲をそそる匂い　遺伝子が解き明かす匂いの最前線』新村芳人著　技術評論社　2012年

第11章

- “Oenologie fondements scientifiques et technologiques” FLANZY Claude, Tec & Doc Lavoisier, 1998
- “Traité d'oenologie Tome1, Tome2” Pascal Ribereau-Gayon, Yves Glories, Alain Maujean, Denis Dubourdieu, DUNOD, 2012（第6版）
- “Recherches sur la fraction liee de nature glycosidique de l'arôme du raisin: Importance des terpénylglycosides, action des glycosidases” Yusuf Ziya Günata, Thèse Docteur-Ingénieur, Université Sience et Technique du Languedoc, Monpellier, 1984
- “Development of a Method for Analyzing the Volatile Thiols Involved in the Characteristic Aroma of Wines Made from Vitis vinifera L. Cv. Sauvignon Blanc” Takatoshi Tominaga , Marie-Laure Murat , and Denis Dubourdieu, Journal of Agricultural and food chemistry Volume46 P1044, ACS Publications, 1998
- “Identification of Cysteinylated Aroma Precursors of Certain Volatile Thiols in Passion Fruit Juice” Takatoshi Tominaga and Denis Dubourdieu, Journal of Agricultural and food chemistry Volume48 P2874, ACS Publications, 2000

第三章

・『味覚と嗜好のサイエンス』伏木亨著　丸善出版　２００８年

・"Analyzing comprehensive palatability of cheese products by multivariate regression to its subdomains" Nakano et al Food Science & Nutrition WILEY. (open access) 2013

・『味覚と嗜好』伏木亨編　ドメス出版　２００６年

第四章

・『ワインの科学』ジェイミー・グッド著　梶山あゆみ訳　河出書房新社　２００８年

・『心理学 第4版』鹿取廣人／杉本敏夫／鳥居修晃編　東京大学出版会　２０１１年

・『日本ワインガイド　純国産ワイナリーと造り手たち』鹿取みゆき著　虹有社　２０１１年

・「日本におけるワインテイスティングについて」鹿取みゆき著　日本味と匂学会誌　16巻2号P１９７-２０６　２００９年

・"Handbook of Enology Volume 2 The Chemistry of Wine Stabilization and Treatments" P. Ribéreau-Gayon, Y.Glories, A.Maujean, D.Dubourdieu WILEY, 2006

においと味わいの不思議
知ればもっとワインがおいしくなる

2013年9月20日　第1刷発行
2022年5月14日　第5刷発行

著者　東原 和成
佐々木 佳津子
伏木 亨
鹿取 みゆき

装丁・デザイン　菅家 恵美
イラスト　小林 哲也

協力　アカデミー・デュ・ヴァン

発行者　中島 伸
発行所　株式会社 虹有社《こうゆうしゃ》
〒112-0011 東京都文京区千石4-24-2-603
電話 03-3944-0230
FAX. 03-3944-0231
info@kohyusha.co.jp
https://www.kohyusha.co.jp/

印刷・製本　シナノ印刷株式会社

ISBN978-4-7709-0061-6